CCTV
《天工开物》栏目
编著

成语科技简史

上海科学技术文献出版社
Shanghai Scientific and Technological Literature Press

图书在版编目（CIP）数据

成语科技简史 /CCTV《天工开物》栏目编著．—上海：上海科学技术文献出版社，2019
ISBN 978-7-5439-7373-2

Ⅰ．①成…　Ⅱ．①C…　Ⅲ．①科学技术—技术史—中国—古代—青少年读物　Ⅳ．① N092-49

中国版本图书馆 CIP 数据核字 (2019) 第 055041 号

策划编辑：张　树
责任编辑：付婷婷　曹　惠
封面设计：樱　桃

成语科技简史
CHENGYU KEJI JIANSHI
CCTV《天工开物》栏目　编著
出版发行：上海科学技术文献出版社
地　　址：上海市长乐路 746 号
邮政编码：200040
经　　销：全国新华书店
印　　刷：常熟市华顺印刷有限公司
开　　本：720×1000　1/16
印　　张：14
字　　数：166 000
版　　次：2019 年 4 月第 1 版　2019 年 4 月第 1 次印刷
书　　号：ISBN 978-7-5439-7373-2
定　　价：58.00 元
http://www.sstlp.com

目　录

NO. 1 国色天香话牡丹

牡丹

“国色天香”，本义指牡丹的花色、香气非常出众，后来人们用这个成语比喻女子仪态端庄、容貌美丽。

在中国没有哪一种花卉像牡丹那样，有着1 600多年的栽培历史，也没有哪一种花卉的栽培经验和理论像牡丹那样，在世界生物学史和园艺史上占有重要的地位。

“国色朝酣酒，天香夜染衣”，用这句诗来形容牡丹真是太恰如其分了，正是因为有了这首诗才引出了国色天香这个成语。

在中国古代，牡丹有着非常悠久的栽培历史，至今已经培育出六百多个品种，这在世界上是独一无二的。

牡丹古书中记载为药材

在很早的时期，比如像《诗经》里并没有提到牡丹，却提到了芍药，后来在一些医药的典籍和民间的诗歌中就经常提到牡丹。实际上牡丹跟芍药是一个科，一个属的植物，外表也比较相像。

蓇葖果是牡丹籽的学名

一般人可能看不出它们的区别，比较容易说出的区别是：牡丹是木本的，它的茎是木质的，芍药是草本的，到了秋天以后芍药的秧就枯萎了，但是牡丹不会，因为它是木本的。此外，在叶子上也有差别，这差别一般人看不出来，但是看它结的种子就比较容易看出来。

色彩各异的牡丹

牡丹的籽，在植物学上有个特殊的名字叫蓇葖果（gū tū guǒ），它有一个芯皮，上面长的是黄褐色的硬毛，这是牡丹。芍药的果跟它差不多，但是它的表皮是光滑的，没有硬毛。

宋代起用嫁接的方法培育牡丹

从外观来看，牡丹确实好看，花比较大。另外，它还特别香。

隋炀帝

牡丹，在秦汉以前不过是生长在道旁的无名野花，那个时候它最大的作用就是当作柴烧；人们看到这种野花的枝叶、花形都和芍药相似，只是芍药属草本而这种野花属木本，古书《通志》中说：牡丹初无名，依芍药得名，故其初曰木芍药。

牡丹二字最早出现在《神农本草经》中，那个时候作为一种药材记载在书中，宋代的本草著作中开始有了形态逼真的野牡丹插图，因此可以说，从汉代起，牡丹就一直是中药中的一味凉血活血的重要药材。

正是因为人们发现了它的药用价值，牡丹由野生变为家养，它的栽培历史也就从这时开始。

在《本草纲目》里头也是把牡丹说成群花之首，吸天地之精华，把它放在一个很高的地位。为什么牡丹花叫王者花，又叫花王呢？这是因为，都城建在哪里牡丹花就跟到哪里。这里面有一个传说，隋炀帝喜欢花，在他的隋都西苑，辟地二百里，让各地贡献奇花异草，其中益州就贡献了20箱各种各样的牡丹。唐朝建都在长安，牡丹花就跟着在长安发展起来。宋朝又建都在洛阳，牡丹又跟着到了洛阳。

传说可能有一些根据，这是因为皇族历来重视牡丹。牡丹故乡在什么地方，史料记载在秦岭汉中一带，最早牡丹是在那儿驯化的，从那儿开始栽培。现在最有名的当然是洛阳牡丹，它的老家还是在汉中。

洛阳人爱牡丹、种牡丹的历史很久了，据记载当时在洛阳许多花园中都种有大量牡丹，欧阳修曾写下了著名的《洛阳牡丹记》，书中说“牡丹出洛阳者，今为天下第一也”。书中记载了三十多种最为著名的牡丹品种，并且介绍了它们名称的由来。

比如，名为魏家花的牡丹品种，可能就是因为当初砍柴人砍下此花后，卖给了姓魏的人家，因而得名。

《洛阳牡丹记》中介绍的一些著名牡丹品种，至今还在各地栽培。

宋牡丹大师宋单父

到宋代，栽培和观赏牡丹更是盛行。

柳宗元《龙城录》中记载：洛人宋单父，善种牡丹，凡牡丹变异千种，红白斗色，人不能知其术。

洛阳牡丹园门匾

宋单父是当时著名的牡丹花师，他培育出大量的牡丹品种，曾被皇帝召至骊山，栽植万株牡丹，色彩各异，千姿百态。如果书中记载属实，那宋单父培植牡丹的技术就真正成了“绝技”。

北宋时洛阳人更是善于培育牡丹，他们用嫁接方法固定芽变和优良品种，芽变用现代术语说就是连年选择变异的植株，可以创造出新的品种。“不接则不佳”是北宋时花

讨论嫁接方法

洛阳牡丹

师们最突出贡献。在当时记录牡丹栽培技术的专著中，详细记载着牡丹的选地、花性、浇灌、防虫，特别是嫁接、育种都十分讲究。这也许就是洛阳牡丹能够甲天下的原因之一。

从一种野花到现在有六百多个品种，几乎遍及全世界，千百年间栽培牡丹的花师们为我们留下了宝贵的经验和理论，对世界生物学史和园艺史做出了贡献。

牡丹名字的变化，现在考证也有不同的说法，有人说牡丹因为是无性繁殖，虽然它结籽，但是不用籽来繁殖，而是在根上发出小芽，这个“牡”有无性繁殖的意思。这种说法也有争议，有一位考据学者夏纬瑛，也是植物学家、植物史家，写了一本书《植物名释札记》，他在书中说“牡”字没有特别的含义，只是一个发语词，就是一个语助词，它的重心在“丹”字，“丹”不是指花是红色的，实际是指它的根，它的根的皮是红色的，根里边肉质是

牡丹花

白色的，跟芍药一样。

牡丹培养到最后是很贵的，有的人管它叫千两金，可以说是价值连城。在古代，有诗云“豪士倾囊买，贫儒假乘观”，就是说有钱人买回来种在自己的花园里，穷人只能到别人的花园里来看看。

牡丹是富贵的象征，有钱人可以拿它自比。但是穷人、书生就很难跟牡丹靠得更近，书生喜欢的是梅、兰、竹、菊。

武则天有这么一句话是专门赞美牡丹的，叫“不特芳姿艳质足压群葩，而劲骨刚心尤高出万卉”，武则天对于整个牡丹花的评价是很高的，认为它是万花之王。

传说叫洛阳红的一个品种，也是很重要的品种，它就是武则天从山西老家带到洛阳繁殖的，她欣赏牡丹，而且真正懂得牡丹。

花色、花型、开花的时间和花朵的香气，这就是人们对花的评价标准。“花色”是以“稀”为贵；“花型”主要是说花的大小，一般是以花朵越大为越好；牡丹花开的时间，一年中只有十几天，为了这十几天的开放，园艺师们要付出一年的“辛勤栽培”，行家们说一株株的牡丹就像是一个个孩子，它们的特点与人有些相似：小时候娇嫩；到了中年壮丽；年龄大的牡丹也像上了年纪的人一样容易生病，更要精心对待。还有一个就是花香，牡丹的香气就是众人皆知的天香，照现在的说法牡丹是因为符合上面所有的标准而被喻为“花王”。

牡丹绣品

如今，每到牡丹花开的季节，各地赏花、观花的活动更是足以表明花王的风采。

有一种说法，在洛阳看牡丹，大概是在4月15日，等到谷雨的时候，要到山东菏泽去看，4月27日左右，也就是“五一”前夕就要到北京看了，五一节一过，还要想看牡丹，就得到甘肃去了。

从中可以看出它的生物钟还是非常准确的。

现在大家都在讲国花、市花、区花，中国是园艺之母，是园林大国，应当有国花。目前世界上已经有一百多个国家设立了国花，但是中国还没有定。究竟确定哪种花为国花，争论是很激烈的，有人说应当定为牡丹，不论从历史、形状，还是从香气讲都应该是牡丹，但有人说应当把梅花确定为国花。国花到底应该是哪种花，到目前为止还没有确定下来。

（费燕）

附：欧阳修《洛阳牡丹记》

花品序第一

牡丹出丹州、延州，东出青州，南亦出越州。而出洛阳者，今为天下第一。洛阳所谓丹州花、延州红、青州红者，皆彼土之尤杰者，然来洛阳，才得备众花之一种，列第不出三，已下不能独立与洛花敌。而越之花以远罕识，不见齿，然虽越人，亦不敢自誉，以与洛阳争高下。是洛阳者，寔天下之第一也。洛阳亦有黄芍药、绯桃、瑞莲、千叶李、红郁李之类，皆不减他出者，而洛阳人不甚惜，谓之果子花，曰某花云云。至牡丹则不名，直曰花。其意谓天下真花独牡丹，其名之著，不假曰牡丹而可知也。其爱重之如此。说者多言洛阳于三河间古善地，昔周公以尺寸考日出没，测知寒暑风雨乖与顺于此，此盖天地之中，草木之华得中气之和者多，故独与他方异。予甚以为不然。夫洛阳于周所有之土，四方入贡，道里均乃九州之中；在天地昆仑旁礴之间，未必中也！又况天地之和气，宜遍四方上下，不宜限其中以自私。夫中与和者，有常之气，其推于物也，亦宜为有常之形。物之常者，不甚美，亦不甚恶，及元气之病也，美恶隔并而不相和入，故物有极美与极恶者，皆得于气之偏也。花之钟其美，与夫瘿木臃肿之钟其恶，丑好虽异，而得一气之偏病则均。洛阳城围数十里，而诸县之花莫及城中者，出其境则不可植焉。岂又偏气之美者，独聚此数十里之地乎？此又天地之大，不可考也已。凡物不常有，而为害乎人者，曰灾；不常有而徒可怪骇，不为害者，曰妖。《语》曰：天反时为灾，地反物为妖，此亦草木之妖，而万物之一怪也。然比夫瘿木臃肿者，窃独钟其美，而见幸于人焉。余在洛阳四见春。天圣九年三月，始至洛。其至也晚，见其晚者。明年，会与友人梅圣俞游嵩山少室缑氏岭、石唐山紫云洞，既还，不及见。又明年，有悼亡之戚，不暇见。又明年，以留守推官岁满，解去，只见其早者，是未尝见其极盛时。然目之所瞩，已不胜其丽焉。余居府中时，尝谒钱思公于双桂楼下，见一小屏立坐后，细书字满其上。思公指之曰："欲作花品，此是牡丹，名凡九十余种"。余时不暇读之。然余所经见，而今人多称者，才三十许种，不知思公何从而得之多也。计其余虽有名而不著，未必佳也。故今所录，但取其特著者而次第之。姚黄、魏花、细叶寿安、鞓红、牛家黄、潜溪绯、左花、献来红、叶底紫、鹤翎红、添色红、倒晕檀心、朱砂红、九蕊真珠、延州红、多叶紫、粗叶寿安、丹州红、莲花萼、一百五、鹿胎花、甘草黄、一擫红、玉板白。

花释名第二

牡丹之名，或以氏，或以州，或以地，或以色，或旌其所异者而志之。

姚黄、牛黄、左花、魏花，以姓著；青州、丹州、延州红，以州著；细叶粗叶寿安、潜溪绯，以地著；一擫红、鹤翎红、朱砂红、玉板白、多叶紫、甘草黄，以色著；献来红、添色红、九蕊真珠、鹿胎花、倒晕檀心、莲花萼、一百五、叶底紫，皆志其异者。

姚黄者，千叶黄花，出于民姚氏家。此花之出，于今未十年，姚氏居白司马坡，其地属河阳。然花不传河阳传洛阳。洛阳亦不甚多，一岁不过数朵。牛黄亦千叶，出于民牛氏家，比姚黄差小。真宗祀汾阴，还，过洛阳，留宴淑景亭，牛氏献此花，名遂著。甘草黄，单叶，色如甘草。洛人善别花，见其树，知为某花云。独姚黄易识，其叶嚼之不腥。魏家花者，千叶肉红花，出于魏相仁溥家。始，樵者于寿安山中见之，斫以卖魏氏。魏氏池馆甚大，传者云此花初出时，人有欲阅者，人税十数钱，乃得登舟渡池至花所，魏氏日收十数缗。其后破亡，鬻其园。今普明寺后林池，乃其地。寺僧耕之，以植桑麦。花传民家甚多。人有数其叶者，云至七百叶。钱思公尝曰："人谓牡丹花王，今姚黄真可为王，而魏花乃后也。"鞓红者，单叶，深红花，出青州，亦曰青州红。故张仆射齐贤有第西京贤相坊，自青州以骆驼驮其种，遂传洛中。其色类腰带鞓，谓之鞓红。献来红者，大多叶浅红花。张仆射罢相居洛阳，人有献此花者，因曰献来红。添色红者，多叶，花始开而白，经日渐红，至其落，乃类深红，此造化之尤巧者。鹤翎红者，多叶，花其末白，而本肉红，如鸿鹄羽色。细叶、粗叶寿安者，皆千叶肉红花，出寿安县锦屏山中，细叶者尤佳。倒晕檀心者，多叶红花。凡花近萼色深，至其末渐浅。此花自外深色，近萼反浅白，而深檀点其心，此尤可爱。一擫红者，多叶浅红花，叶杪深红一点，如人以三指擫之。九蕊真珠红者，千叶红花，叶上有一白点如珠，而叶密蹙，其蕊为九丛。一百五者，多叶白花。洛花以谷雨为开候，而此花常至一百五日开，最先。

丹州、延州花者，皆千叶红花，不知其至洛之因。莲花萼者，多叶红花，青趺三重，如莲花萼。左花者，千叶紫花，叶密而齐如截，亦谓之平头紫。朱砂红者，多叶红花，不知其所出。有民门氏子者，善接花，以为生，买地于崇德寺前，治花圃，有此花。洛阳豪家尚未有，故其名未甚著。花叶甚鲜，向日视之，如猩血。叶底紫者，千叶紫花，其色如墨，亦谓之墨紫花。在藂中，旁必生一大枝，引叶覆其上，其开也，比他花可延十日之久。噫！造物者亦惜之耶！此花之出，比他花最远。传云唐末有中官为观军容使者，花出其家，亦谓之军容紫。岁久失其姓氏矣。玉板白者，单叶白花，叶细长如拍板，其色如玉，而深檀心，洛阳人家亦少有。余尝从思公至福严院见之，问寺僧而得其名，其后未尝见也。潜溪绯者，千叶绯花，出于潜溪寺，寺在龙门山后，本唐相李藩别墅，今寺中已无此花，而人家或有之。本是紫花，忽于藂中特出绯者，不过一二朵。明年移在他枝，洛人谓之转枝花。故其接头尤难得。鹿胎花者，多叶紫花，有白点如鹿胎之纹，故苏相禹珪宅今有之。多叶紫，不知其所出。初，姚黄未出时，牛黄为第一；牛黄未出时，魏花为第一；魏花未出时，左花为第一。左花之前，唯有苏家红、贺家红、林家红之类，皆单叶花，当时为第一。自多叶、千叶花出后，此花黜矣。今人不复种也。牡丹初不载文字，唯以药载《本草》，然于花中不为高第。大抵丹、延已（以）西及褒斜道中尤多，与荆棘无异，土人皆取以为薪。自唐则天已（以）后，洛阳牡丹始盛。然未闻有以名著者。如沈、宋、元、白之流，皆善咏花草，计有若今之异者，彼必形于篇咏，而寂无传焉。唯刘梦得有《咏鱼朝恩宅牡丹》诗，但云“一藂千万朵”而已，亦不云其美且异也。谢灵运言永嘉竹间水际多牡丹，今越花不及洛阳甚远，是洛花自古未有若今之盛也。

风土记第三

洛阳之俗，大抵好花，春时城中无贵贱皆插花，虽负担者亦然。花开时，士庶竞为游遨。往往于古寺废宅有池台处，为市，井张幄帟，笙歌之声相闻。最盛于月陂堤、张家园、棠棣坊、长寿寺东街与郭令宅，至花落乃罢。洛阳至东京六驿，旧不进花。自今徐州李相迪为留守时，始进御。岁遣牙校一员，乘驿马一日一夕至京师。所进不过姚黄，魏花三数朵。以菜叶实竹笼子藉覆之，使马上不动摇，以蜡封花蒂，乃数日不落。大抵洛人家家有花，而少大树者，盖其不接则不佳。春初时，洛人于寿安山中斫小栽子卖城中，谓之山篦子。人家治地为畦塍种之，至秋乃接。接花工尤著者一人，谓之门园子，豪家无不邀之。姚黄一接头，直钱五千，秋时立券买之。至春见花乃归其直。洛人甚惜此花，不欲传。有权贵求其接头者，或以汤中蘸杀与之。魏花初出时，接头亦直钱五千，今尚直一千。接时须用社后重阳前，过此不堪也。花之木，去地五七寸许，截之乃接，以泥封裹，用软土拥之，以蒻叶作庵子罩之，不令见风日。唯南向留一小户以达气。至春乃去其覆，此接花之法也（用瓦亦奇）。种花必择善地，尽去旧土，以细土用白敛末一斤和之。盖牡丹根甜，多引虫食，白敛能杀虫，此种花之法也。浇花亦自有时，或用日未出或日西时。九月旬日一浇，十月、十一月三日、二日一浇，正月隔日一浇，二月一日一浇。此浇花之法也。一本发数朵者，择其小者去之，只留一二朵，谓之打剥，惧分其脉也。花才落便剪其枝，勿令结子，惧其易老也。春初既去蒻庵，便以棘数枝置花丛上。棘气暖，可以辟霜，不损花芽，他大树亦然，此养花之法也。花开渐小于旧者，盖有蠹虫损之，必寻其穴，以硫黄针之，其旁又有小穴如针孔，乃虫所藏处，花工谓之气窗，以大针点硫黄末针之，虫乃死。花复盛。此医花之法也。乌贼鱼骨用以针花树，入其肤，花辄死，此花之忌也。

NO.2 丝丝入扣 谈丝说扣

纺织

“丝丝入扣”，用来比喻做事准确、合度或周密、细致，扣，同筘，是织布机上一个形状像梳子的机件，用来固定经纱的密度和位置。

这个成语非常形象地道出了纺织机上经线的挂织方法。

丝丝入扣这个成语很容易就让人想到纺织，清代有一个人叫张潮，他写了一篇文章《讨蜘蛛檄》，里头有这么一段话，叫“廓垂天之网，不须轧轧鸣机，布络地之绳，亦且丝丝入扣”，这里所讲的就是非常严谨、非常神秘的意思。无论从工艺上来说，还是从内涵来讲，丝丝入扣都是

现代织机上的“入扣”

非常准确、非常贴切的一个词，在《汉语词典》中，“扣”就是一个提手一个口字，这个词最早的来源应当是一个带竹子头的筘，这个筘是织机上的一个部件，就是织扣。丝丝入扣就是指在织造的准备过程中，经线首先要在织机上绷好，才能织，跟经纬交织，经线从经轴出来，通过中丝然后要穿过那个扣，每一丝都要根据规定的程序，该穿哪个扣，把它均匀地排列好，这个叫丝丝入扣。所以从工艺上来说，跟这个词是完全吻合的，每一丝都要穿过它的扣，就是在纺织的时候要先布经线，在经线布置的时候每一丝都要放在一个齿扣里头。因为扣齿像一把大梳子，每一根经线的排列根据织物的要求，都会有一些精疏密度，是两根丝穿在一个扣，还是三根丝穿在一个扣，或者是两根丝并在一个扣里，空开一个扣齿，这样织出来的花纹就会有一个空路，就会形成网孔一样的孔眼，像纱布一样，会有这种编织的效果。

手工编织

经线放在扣里，那么纬线就应该是在梭子里。然后预先设计好经线的开合，纬线在里面穿行，经纬线互相交织起来。

纺织源于编绳结，我国最早的编结技术何时出现，目前还无法推断，但不会晚于旧石器时代晚期。史书记载：在伏羲氏时就已经有结绳为网捕鱼、捕兽，骨针引纬的发明开始了机械织造的演变，开始时是以人的腰和双足绷紧经纱，相当于现代织机上的卷布轴和经轴。从汉代画像石刻中可以了解到：至少从战国时期至汉代人们织造日常的衣着用料已经使用了结构灵巧、生产率较高的古织机。

孟母断机训子的故事在中国流传很广，织机前转身的是孟母，跪地者是孟子，落在地上的杼就是织梭。

后来人们为了更好地控制经纱，设计制作了一把大梳子，这个工具就叫扣。织造时，每一根经丝都必须穿过扣齿，即丝丝入扣。经丝不

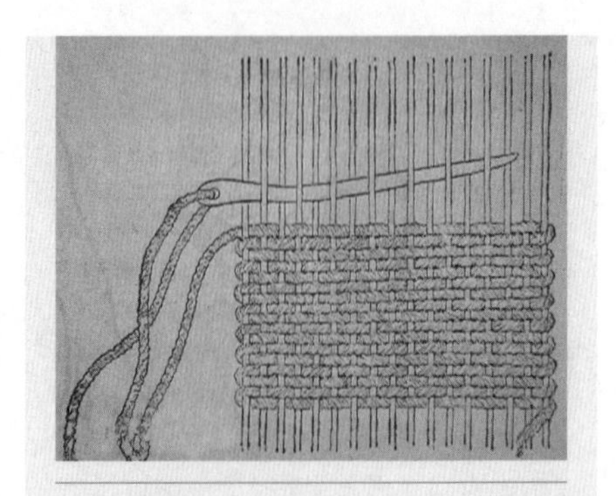

骨针引纬

织机上“扣”

织机上“杼”

入扣纬线就无法与之交叉，在几千根经丝中只要有一根丝不入扣就会产生疵点，因此要“一丝不苟”。

最早的时候梭子是搁在打纬刀里面的，这把刀子穿过去，连梭子带过去，然后人就用这把刀子把纬线打紧了，一梭一梭织，这样一段布就织好了。机械化以后，把这两项功能分开了，梭专门是抛梭，扣是打纬，在古代这两个功能是合在一个器具上，这个器具叫“杼”，就是在一个打纬刀中间，嵌一把梭子，又兼了打纬的功能，梭子的功能又兼了把纬线打紧的功能。

织布成为观赏的手艺

穿经打纬

在汉字里，和丝字相关的还有很多字，在甲骨文里就有一百多个有“纟”旁的字，到东汉《说文解字》已经有627个和“纟”字旁有关的字。

对这个问题，可以从两方面来理解，一是衣食住行，衣在第一位，穿衣是很重要的事情，很多字都与衣相关。二在织物上，根据不同的经纬线交织规律就叫组织，这个词

花腰带打纬要技术高手

也是从纺织方面的意思来；“成绩”的“绩”也是因劈麻技术而起，因为麻丝长度是有限的，为了把它接起来，这个过程叫“绩”。“纟”旁的字和纺织有千丝万缕的联系。

现在用手工织布机织布，已成为一种供观赏的手艺，如傣家妇女织的花腰带。不过，现在织布不再用土线，而是用从市场上买回来的成品线，这些成品线的颜色非常鲜艳，织布时，线分为经线、纬线，横的为纬线，竖的是经线。一般我们见到的妇女在织布机上所完成的工作，实际上就是在织纬线，纬线由梭子牵引交织在绷紧的经线上，每穿一条纬线就要用打纬刀打一下，打纬刀的作用就是为了压紧纬线，这样，经线、纬线就可以紧密交织，形成结实、耐用的布。布的长短是由经线的长短决定的，布幅的宽度也是由布的经线宽度决定的。

经线又是怎么布置的呢？布置经线是织布最基本、最重要的一步，只有技术高手才能参加布置经线的工作，所使用的工具在织机上叫扣，他们用它来梳理千丝万缕的经线，布置经线、卷经是最后一步，经线卷好后，才能上机织布，这道工序要保证一丝不乱。古诗里对布置经线的描述是“素丝头绪多，羡君好安排”。布经、卷经，这个工序本身就是一个丝丝入扣的过程。

经字由纺织来

经纬之中，和经字相关的词特别多，比如人们通常说的经验、经济、经典这些词，但是和纬字相关的词就不如和经字相关的词多，这是为什么呢？

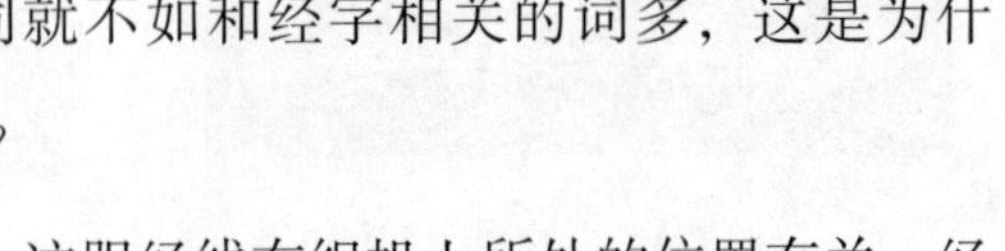

这跟经线在织机上所处的位置有关，经

线一旦固定好，是不可变的，而且也是织机当中最重要的部分，它的丝在各方面的品质都是最好的，这也是“经络、经典、经书”都用“经”字而不用“纬”字的原因。天地方圆靠“经”已经把它固定住了，是不可变的，所以才出来“经天纬地”这个词。联想到经纬还有一些宏观的词，比如经天纬地，就好像纺织中的经线纬线一样，与纺织是有一定关系的，“经”从象形角度来说，它就是最早的粗织机，下面一个工字，代表经轴、卷轴。

布置经线

（费燕）

NO.3 来龙去脉与古代对居住环境的认识

广西座龙寨

古代的风水先生们把山称为“龙”，观察山脉的走向、起伏，他们也喻河流为“龙”，寻觅水的源头和流向，由此产生出“来龙去脉”的说法。现在人们用它来比喻人、物的来历或事情的前因后果。来龙去脉中有着古代人们对居住环境的科学认识。

这个成语是从风水里来的，它居然也能成为我们日常生活中经常用的词汇，可见风水的观念曾经在我们中国人心目中是很普及并且是深入人心的，已经成为集体的无意识。

山脉的走势

“龙头”上的定村位

象征一帆风顺

从事建筑历史研究的人，必须了解以前的风水理论或者风水知识，对这方面的知识不了解的话，就不能很好地理解古代建筑。比方说，“龙”和“脉”这两个字，虽然经常连在一起说龙脉，其实“龙”和“脉”还是有区别的，“龙”是实体的形，比如山起伏的形状，“脉”实际上更多侧重相互之间的一种关系。

实际上也是一种地理知识。在地理里边我们也讲山脉。有的山孤立地看，并没有跟一座大山联系在一起，但是从整体看，它是归属于山脉的，比如秦岭山脉、太行山脉。

这里面可能也是一种文化思维，中国人看待事物的时候，往往喜欢从整体入手，先有一个整体的把握，然后再往下探讨局部的优劣。看风水第一步实际上就是要看所谓的龙脉；龙脉就是看大的山形、水系的走势。

但是从龙脉的选址来谈，最典型的是广西的座龙寨，到了那里你就能领会“来龙去脉”这个中国成语的妙处。有关中国古代风水书上把山比喻为龙，把山的走势比喻为脉，山脉的走势也就成了龙脉的走势了。座龙寨的地址不仅有龙头，可以说龙脊、龙爪、龙尾都一应俱全，看上去很明显像一条龙。座龙寨选址是位于龙头这个地方，这是非常大胆的，一般龙头上不允许设立村寨，但座龙寨恰恰正是在龙头上选址定位，气魄之大令人刮目相看。这种民居的选址，在古代真龙天子居住的京城那是不可想象的。

我们再来看看典型的徽州民居，西递村选址的特点是沿着一条河流来布局的。它选择在河流由东向西流的水口处，在水流的方向上层峦叠嶂，使人感到水有种不忍离去的依恋感。

当地人在水的选择上，又把村庄比喻成一艘大船，由于历史上商人很多，因而象征一帆风顺、扬帆远航之意。西递村与黄土窑洞相似，这里门都朝东南开，这在汉代就有一种说法，商家门不宜南向，征家门不宜北向。做生意不愿遇到“难题”，去征战不愿落到“败北”，这是一种流传了上千年民间约定俗成的说法，所以西递村的门大多朝向东南开，始终遵循着这个传统规则。另外一点西递村周边的山脉从西北朝东南走向，人们把山脉比作龙，而龙脉在西北方向，所以房屋朝向不对西方，而都朝向东南。这也是西递村选址定向的另外一种说法。

景山，在京城故宫建筑群体中有着独特的地位。

明清两代修建的北京城和故宫堪称宫殿设计的典范，这座由30万民工修了三四年才完成的宫殿组群，充分体现了皇权的威严。

整个北京城的布局就鲜明地体现了以皇室为主体的规划思想，从永定门、正阳门，直至地安门、钟鼓楼形成一条中轴线，而故宫恰恰在中轴线的中段。

宫内布局平衡对称，在建筑尺度上按照不同的需要，高低有别、错落有致。在后宫还专门修建了御花园，肃穆之中又有变化。整座皇宫又

故宫选址在北京中轴线上

金水桥

故宫建筑的“收尾”在景山上

金水河的“龙”形出口

以天安门为序，六座大殿全排在中轴线上，前朝的三大殿最为突出，而太和殿又是最中之最。

不仅如此，设计者把尾声安排在高高的景山之上。景山的山顶是皇宫建筑的高潮，当时这样的设计意味着要压倒前朝的风水。

景山是整座城市的几何中心、全城的最高点，所以放在内城两条对角线的交点上，处于内城的中心。

这已经转化为一种审美，不一定有多少科学道理，也不一定真的就是要从物质方面的方便来考虑。但是，它对人的心理会产生一种影响，风水里还有另外一个重要的概念——气。既要让它很生动，在这个空间里面能流动起来，但又不能让它一泻而去。从故宫航拍的地图看，金水河的出口是有一个龙摆尾的，它故意折了几下，再让这个水流出去。这样就保证了气不是一泻而去。

另外，在进门或者出门的地方，都会有一个影壁，像国子监门口就有，是一个很重要的建筑，这样就使得整个空间更富有层次，也符合风水的理论。

风水的起源是对环境的一种认识，风向、水的流向、山脉的朝向，这些东西影响了整个风水观念的发展，但是在风水学说不断发展之余，有些人把风水作为一种职业，这里面就有很多伪科学的成分。

古人相信风水的观念，如果要营造住宅肯定讲究风水，为一个城市选址的时候，想必更要讲究。比如说北京就是背山、面水，并且它前面是华北平原，面积很大，比较符合中国人的风水格局。以前的北京在城市里面就有几景，那就是在什刹海后面银锭看山，在银锭桥那儿可以看到西山，西山虽然没包容在城市里，但是它作为一个景观融入城市生活里，可以被城里人看到。在这里，自然要素跟人的日常生活之间产生一种很密切的关系，将影响到人在这个城市里的一种生活品质。

（费燕）

四合院影壁

西递村的门都向东南开

NO.4 登堂入室与古代建筑格局

西周院落布局

“登堂入室”出自《论语·先进篇》。堂、室是古代房屋的格局，堂是一个家族的精神象征，一个家族生活的中心。后来人们用登堂入室形象地表示做学问的几个阶段，入室犹如今天的俗话“到家”，比喻学问达到了精深地步。

登堂入室这个成语现在经常用来表示说对某些学问已经从初步入门到有一点了解，但是其背后跟古代建筑有很大关系，人们用很多建筑上的术语来表达对学问以及对某些事件的了解，包括入门的程度。

这是一个很形象的比喻，中国建筑不同的空间会有不同的名称，比如堂、室，并且不是什么房间都能叫堂，堂和室是有区别的，我们平常说登堂入室想必堂要在前面，室要在后面。

简单地讲，必须登了堂才能入室。

周代，形成了以堂、室为主体建筑的古代居住格局，那个时候贵族的住宅用墙垣围住，垣有门，门内就是庭院。讲究的住宅还要设二道门，从大门走进是主体建筑，堂在最前面，建在高台之上，“堂下”是庭，堂前有阶梯，古代人们尊左，因此西台阶是宾客走的。堂是房屋主人平时活动、待客的地方，堂后是室，室是比较私密的空间，客人只能在堂前就座，一般是不会被邀请到室内的。

跟登堂入室可能意思有点相近的，或者说用法上有点类似的，有个词叫“堂奥”。中国建筑不仅对空间有名称，室内的四个角也有专门的名称，奥指的是西南角。一般建筑如果是正房，应该是面南的，就是坐北朝南，一进屋先看到的是北面，等到要看到奥这个位置，已经转过身来了，说明在这个空间里已经比较深入了，不是说刚入门了。

未窥堂奥的意思是说，没有看到堂的那个奥。

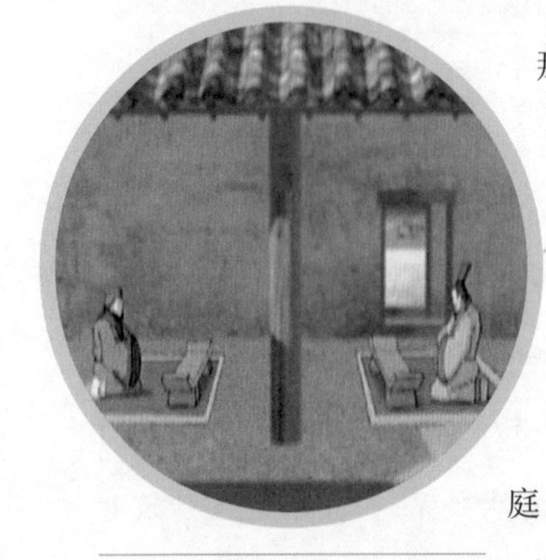

堂前就坐

引申的意思就是说，还没有了解空间的全部，还没有了解事情的全部，仅是刚进去，还没转过身来。

庭院式的建筑对外是封闭的，讲究坐北朝南，大门与二门之间的院落为外庭，二门以内的院落为内庭。堂、室为院中的主体建筑，室为比较私密的空间。从堂到

四合院讲究坐北朝南

堂室结构

南面为窗

室有门相通，室内四角都有专门的名称，如西南角叫奥。在典型的四合院中，堂是家长的起居所也是全家人聚集的中心，人们也把堂作为整座院落的精神中心。里面的布局、装饰、摆设都代表着房屋主人的品格。

堂没有南墙很敞亮，在里面的行动似乎也没有任何掩饰，也就有了堂皇、堂而皇之这些词，形容气派大，公开的行动。

封闭的院落对内是不设防的，所有房屋朝向院子一方的墙几乎都是由门、窗组成。

中国古代的房屋不注重私密性，也就是说私生活在中国古代的建筑中相当开放，比方说卧室通常外面是一排窗，这个窗下半部是木板，上半部在没有玻璃的时代就是用纸糊的，在窗棂上糊纸。从传统文化角度来看，中国人不可能完全没有秘密性，实际上是私密的界限划在什么地方，如果仔细考察中国建筑的话，把整个院落当作一个建筑的

等级制严明

整体来看，整个院子一圈是很封闭的，院落是一个封闭的单位，院落整体是具有私密性的。私密性在家族内部几乎没有，但是家族与家族之间还是有隐私的，所以中国有一句话叫家丑不可外扬，实际上就是说这个问题的。

四合院里面的正房要比别的房都要高，正房的台阶比厢房的台阶要多，这就是等级制度。

在任何建筑物中，门的设计就能充分体现等级制，以皇城为例，天安门是皇城的正门，武门作为宫城的正门，后者等级就比前者高。

在一些戏剧作品中常常会出现推出午门斩首的说法，这种艺术上的加工创作也并非全无根据。明清时朝臣一旦触怒龙颜就要押送到午门外，忍受廷杖的刑罚。受罚的朝臣身着囚衣，被捆绑至午门接受杖刑。同时朝中的文武百官都被要求去观刑，这样就达到杀一儆百的目的。

故事中的午门是严酷的，而实际上午门的形制也确实与众不同，它半围合式的形制使其自然有了一种严酷的威慑力，建筑师们称它体现的是一种压倒性的壮丽和令人为之屏息的美。午门的威严除了体现在其本身之外，还体现在它的功能上。

有一张出自外国人笔下的古画，描述的就是在午门前举行的规模最大的典礼仪式。当时打了胜仗，皇帝便登上午门的城楼，对战败的俘虏进行裁决，同时在这里接受文武百官们的祝贺。

这些都是建筑和权力之间的关系。

中国的建筑在这方面尤其重视，或者说尤其强调，比别的文化在这方面花的力气可能都要大。日本有位著名的建筑师叫安滕中雄，据说他给学生上课放的第一张照片，就是从景山看故宫，他认为这是一个非常完美的景象，照片中有很多屋顶，屋顶不同的方向、不同的形式，体现出不同的等级观念。

（费燕）

南方的堂室风格

NO.5

灵丹妙药说炼丹

丹砂

“灵丹妙药”比喻幻想能解决一切问题的好办法。古时，人们为了求得长生不老药，在遍寻无果的境况下，兴起了炼丹术，这种充满幻想色彩的方术，结果可想而知。

但是在一次次的试制和失败过程中，发明了黑火药，在无意间发现了化学的原始形式，并在世界科学史上最终孕育出近代化学。

灵丹妙药从字面上解释，就是一种能包治百病的好药，用在比喻方面的意思就是能够解决一切问题的办法，我们确确实实找不着这种药。

传说中的太上老君炼丹

药也好，丹也好，光从丹这个字来讲，有两个意思，一是颜色，主要指红色，另外一个就是指药，按照成方制作出的那些颗粒状的药，我们可以把它叫作丹。

“服金者寿如金，服银者寿如银”，这就是早期人们寻求长生不老丹的理论根据。灵丹妙药中丹和药具有同等地位，就是现在我们所用的某些“丹”也都可以称为药。

最初人们寄希望于草药和长生果，当发现没有哪一种草药能够包治百病，也根本找不到长生果时，就开始尝试人工炼制，炼丹术在当时被称为方术，炼丹的人称为方士，当时炼丹的主要原料是硫化汞和一些呈红色的矿物质。

因为水银与硫黄作用生成的硫化汞稳定而不易挥发，方士们就编造出所谓水银为雌性，硫黄为雄性，宣称雌雄交配可得灵丹妙药。硫化汞也就因此成了炼丹术中一种不可缺少的药剂，并从那时起被称为丹砂，一直延续到今天。

在司马迁所著的《史记》中，就记述了汉武帝时代的方士们主要用丹砂炼制能使人长生不老的金丹。

后来人们又发现丹砂具有养精、安神和益气的功效，这就更增加了方士们对这种物质的崇敬。

古人炼丹

炼丹活动在中国延续了将近2 000年，从秦汉开始，一直到清代，与整个中国封建社会是一脉相承的，可以说是社会发展的一个必经阶段。人们在这个阶段，对物质变化的认识，特别是对物质变化抱着一种特殊的希望。在中国，炼丹一直跟医药紧密地联系在一起，很多著名的炼丹家都是医药家，葛洪、孙思邈、陶弘景等人既是医药大家，也是炼丹家。

葛洪

杭州葛岭

《抱朴子》是晋代炼丹家、医药学家葛洪所著。书中记载、描述了不少化学变化，我国在公元2世纪就已知道用硫化汞制水银，葛洪是最早详细记录这一反应的人。

还丹井

据记载，通过炼制丹药，当时葛洪已经对化学变化的可逆性有了基本了解，在杭州的葛岭道观有一口井，据说就是当年葛洪炼制丹药时取水用的井。某些物质的可逆反应在那时被认为是返和还，既有还丹井，也有炼丹井。药王孙思邈等人对医药学的贡献都是从寻找灵丹

炼丹井

妙药的炼丹活动开始的，他们炼出了许多药物，其中一些至今仍被收藏在《中华医药大典》中。黑火药也是在炼丹过程中产生的。

后来炼丹术传入欧洲，由于文化背景的差异，欧洲兴起的是炼金术，除了炼制设备相似外，炼丹、炼金所用药物也大体相同。因此，有许多炼金药物的名称前都冠有中国两字，比如硝石，就被称为“中国雪”。

不仅中国有炼丹，在古希腊、古罗马、阿拉伯、欧洲中世纪时都有炼丹。为了探究，无论是中国炼丹家想炼出长生不老药，还是西方炼丹家想把贱金属变为贵金属，都要把很多物质拿来试验，试验的主要手段是加热、高温操作，在这个过程中他们发现了很多化学现象。在阿拉伯和西方某些国家炼金术中，有些事情现在看起来很荒谬：为了能炼出神灵的催化剂，就是那种哲人石，把一千多个鸡蛋敲碎了放到锅里拿火烧，他们认为鸡蛋是有生命的，他们再炼出一个有生命力的东西。无论动物还是植物，反正能进炼金炉的都试过。有一个发明跟酒有关系，把葡萄酒放在蒸馏器里蒸馏，蒸馏后得到一种没有颜色的液体，也就是现在的酒精，他们把这个东西从容器里拿出来，发现很怪，这个酒精一点火就着了，而且最后什么也没有剩下。当时的人们觉得这个东西就是仙丹了，就是仙水，人们拿来喝，喝的人就醉酒，后来人们发现这是非常好的饮料，于是就发明了酒精。由于有了蒸馏技术，就把葡萄酒变成白兰地，把麦酒变成威士忌。中国元朝有了蒸馏技术，生产出了中国的白酒。寻求灵丹妙药的炼丹活动在中国历史上持续了近2 000年，它的原始目的是为了要长生不老、成仙。

长生不老丹也许只能出现在神话故事中，但是2 000年前方士们开始炼丹的行为，却是标志着人类开始从乞求神力的施舍，转向了依靠自身的创造力，这显然是一种进步。现在的药品一般都在实验室里制造，从这个意义上说，炼丹和制药很难完全分开，有些方法和器皿甚至都是一样的。

因此说，历史上这场寻求灵丹妙药的活动在客观上开阔了人们的视野，不仅人工制造出了一些自然界不存在的化合物，还找到了不少真正能治病的丹药。从这点上来看，谁又能说幻想和愿望不是实现科学文明的开端呢？可以说，这场寻求灵丹妙药的活动，真正的意义是推动了人类文明的进程。

长生不老的想法现在看来是不现实的，因为它超越了自然界的规律，正是人们在炉火前一代接一代地探索，催生了很多发明、发现，除了酒精，中药里的一些配方就是来自于炼丹术，最大的成果就是发明了黑火药。

（费燕）

孙思邈

陶弘景

黑火药

欧洲炼金术

NO.6 曲径通幽与造园艺术

拙政园入口

“曲径通幽处，禅房花木深”，前人美妙的诗句为后人留下了“曲径通幽”这个成语。有人说曲则有情，幽中显贵，曲线常能带来悬念和期待，因此也就有了“别有洞天，豁然开朗”的说法。

曲径通幽这个词一出来，大家马上就会联想到中国的传统园林艺术。“曲”和“幽”可以说是中国传统园林的一个很重要的特点，是中国古典园林追求的情趣和意境。以苏州的拙政园为例，在设计上从入园开始就是涉门成趣，除了正门，它还设有腰门，既可以从左边门进，也可以从右边门进。

假山和游廊之间也是进入园林的通道，还可以钻山洞或者从山顶上过去，人未入园就先有了几分情趣。为了追求意境，中国古典园林在造园上大都融入了文人诗作和绘画的精神意境。

诗文以曲为美，造园亦曲折有法，绘画以境界为上，造园亦让人以小见大，境界别出。特别是到隋唐之后，许多诗画作品描绘的景象都被用到园林创作中，甚至直接用绘画作品为底稿，来表达曲的情趣和幽的意境。

人们平常说曲径通幽的时候着重于私家园林，除了路曲一点之外，还有另外的含义在哪里呢？

这与人的视线控制有关系，因为造园既是一种空间艺术，也是一门视觉艺术。我们知道光线是以直线传播的，这样就决定了我们的视线基本上也是直线，通过路曲之后可以控制我们的视线，通过路曲来遮断视线，然后通过空间的转折来

文人的诗情画意

承德皇家花园一角

引导视线的方向转换，并且在转折的地方也可以形成一个结点。这就是说，在建筑艺术或者说园林艺术等艺术门类里面，很重要的一个因素就是时间，时间因素跟音乐在某些方面很契合，所以有人讲建筑是凝固的音乐，音乐是流动的建筑，实际上音乐和建筑在时间性上有一个共通性，人们不可能在瞬间了解一段音乐，也不可能在瞬间了解整个园林，但在时间展开过程中，需要有一定的技巧来控制它，要不然它会使时间的流程变得很乏味，因为人们不可能在一个瞬间既在这里又在那里。这样一来，“曲”就变成空间处理的一种很重要的手段，然后通过这个手段可以营造出一种“幽”的情趣。

如果从一个形象的角度来讲“幽”的话，可能就是“曲径通幽处，禅房花木深”的意境；把禅房掩映在花木之中，就是空间不断地被遮蔽，在层层遮蔽中体现出一种很“幽”的感觉，从个人感受来说，它是相对私密的、内向的、自我的。这在中国传统文化里面是很有意思的一个层面。

在中国传统文化中，情感的表达讲究含蓄，在园林艺术中，也许就表现在曲径和幽处的设计上。对造园意境的追求，中国的南方与北方有很大不同，南方以私家园林为主，占地面积小，变幻无穷，充满诗情画意，典型的是苏州园林；北方以皇家园林为主，占地面积大，尽显君王府邸的气势与威严。承德避暑山庄是北方园林、皇家园林的代表之一，与南方私家园林相比，它最大的特点就是占地面积大，园区随山就势而建，山、湖、平原层次错落，却不凌乱，形成整齐统一的主体景观，周边山上几个景亭占据着制高点，与园区内的景观遥相呼应，不但不显得突兀夸张，反而将山与园的比例润色得情味盎然、富有格调。这样的设计和造园手法，可能与中国最早的帝王建园理念有关。在周代，所谓皇家园林就是把自然景色优美的地方圈起来，放养禽兽供帝王们狩猎。后来的皇家园林也大都选择自然山水优美的地区建园。在皇家园林里，也许找不到曲和幽的情趣和意境，但却能充分感受到另一种造园之美。它更追求地域上的宽广，追求一种皇家的气势，如颐和园、万寿山跟昆明湖是属于山和水之间大开大合的景观关系，是私家园林所不可比拟的。在苏州园林里，私家园林比较大的就是拙政园，拙政园的水面，在私家园林里已经算非常大的了，但是和颐和园相比，那就不能同日而语。从另外一个方面讲，颐和园里也有谐趣园，即所谓园中园，一些小的园子会模拟江南园林的手法，但是皇家园林有一种

南方私家花园

承德皇家园林局部

教化意义，通过园林来表明这个帝王的从政理想，它所包含的主题，跟园主人的身份、地位有关，比之后者要宽泛得多。

皇家园林集中在北京一带，私家园林以苏州园林为典范，皇家园林的特点是宏大、严整、堂皇；私家园林则多小巧、自由、淡雅，更注重文化和艺术的统一。发展到后来，皇家园林在意境、创作思想、建筑技巧及人文内容上，也大量地汲取私家园林的“写意”。但同为皇家园林，在中、西方不同文化背景的影响下，造园理念和手法又有很大不同——中国古代园林重在体现“天人合一”的观念，而西方园林更注重表现人文情怀，在西方园林中有的为规整式园林，崇尚开放、流行整齐；有的崇尚自然美，通过园林表达虽由人做，却似天开的意境，还有的通过对称的几何图形，通过人工美，表现人对自然的控制和改造。

苏州园林

西方园林

西方的皇家园林，经常是整齐

规划好的，完全谈不到什么曲径通幽，从上面俯视下去的话，简直就像是一个几何图案，像法国的凡尔赛宫是几何化园林的巅峰之作，也是代表作，从总体上来说，它的园林跟它的建筑是配合在一起的，当时的建筑者路易十四自封为“太阳王”，他的国力非常强盛，他认为他的宫殿不需要设防，把凡尔赛宫建成相对开放的建筑造型，当时的平民只要花几个法郎，租一顶礼帽、一根拐杖，就可以到里面去参观，所以它带有很强的公共性，并且体现了一种人对自然的控制或者说改造，因为通过几何化的处理手段，把人的因素发挥到极致，并且也很感人。

（费燕）

NO. 7

作茧自缚说蚕丝

片头

烛蛾谁救护？蚕茧自缠萦。

——白居易

人生如春蚕，作茧自缠裹。

——陆游

人们用“作茧自缚”比喻自我束缚、自我封闭。这个成语准确地道出了蚕吐丝结茧的自然过程。蚕丝的发现和利用推动了中国古代物质文明的进步，也大大促进了我国和世界文化的交流。

作茧自缚比喻一个人做了某种事情，使自己受困了，但是实际上它是讲蚕在生长中的一个特殊过程。蚕在由幼虫变成蛹的时候，这个蛹是不能动的，所以它要自己保护自己，作茧自缚事实上是蚕成熟了以后，变成蛹，最后变成飞蛾，咬破茧飞出来，这之前给自己制造一个相对保护的场所。人们在观察事物的时候，把人的一些思想感情强加给了蚕，对蚕宝宝的生理过程并不是很了解，由于人对蚕的误解，造出这样一个词来表达人的一种情感。

传说轩辕黄帝的一个妃子，现在大家都叫她嫘祖，一个很偶尔的机会，发现蚕茧在雨水中经过浸泡出现了丝，她就把它卷成丝线，用到纺织上。

关于对蚕丝的利用，多认为是从嫘祖开始，但关于如何发现蚕丝却有不同的传说：其中有一个说法

嫘祖发现蚕丝的传说

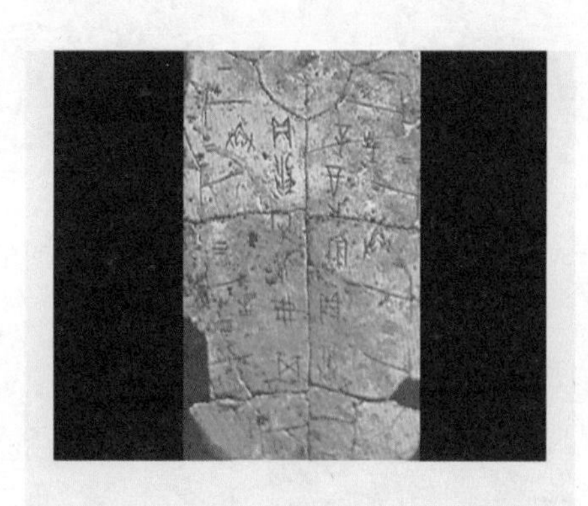

是，一天黄帝的元妃嫘祖在花园里休息，一个结在树上的蚕茧被风吹落进了茶杯里，仕女急忙把蚕茧取出，这时嫘祖发现了蚕茧中的丝，她就命令仕女把树上的茧都摘下来，缫成丝，用丝做成漂亮的衣服，黄帝看了大加赞赏，下令在全国推行这种做法，从此我们的祖先开始了一条植桑养蚕、缫丝纺织的文明之路。

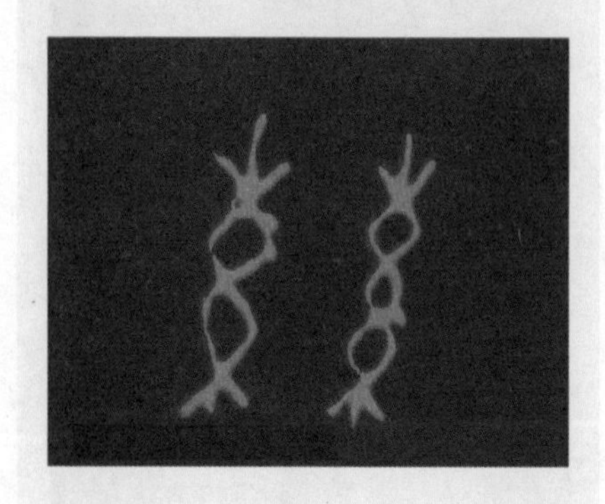

这个传说使缫丝的发明听起来很偶然，另一种说法是蚕茧中的蛹一直作为美食被享用，在用水煮茧时，人们偶然发现经水浸泡过的茧可以抽出丝来，后来又经过不断探索，缫丝技术才得以产生。我们最终无法确切地知道，养蚕缫丝的技术究竟是如何产生的，但庆幸的是，祖先这一伟大的发明还是完整地流传了下来。

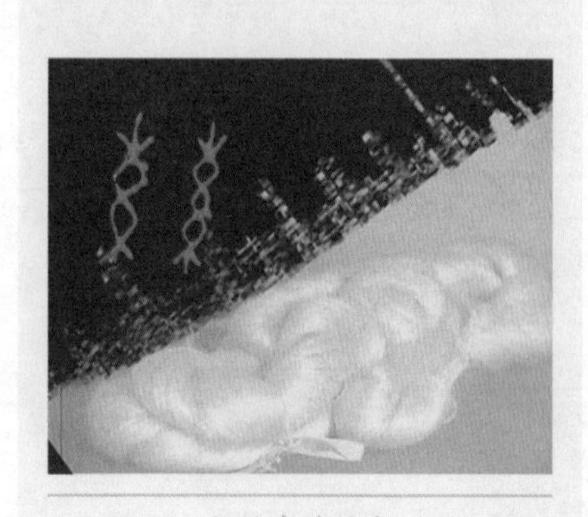

与丝有关的字

如果说蚕丝的利用存在偶然因素，战国时期荀况对它的解释便使之有了科学道理。古人一向认为蚕没有雌雄之分，而他认为飞蛾有雌雄，难道它们的后代蚕就没有雌雄之分吗？关于这一点的结论是近代生物学研究的结果。

蚕丝的质量，同它的饲料种类、所处环境的温度、湿度以及光线息息相关。

蚕一生只吃桑叶，1 000条蚕在幼虫期要吃掉25～30千克的桑叶，吐出的丝只有0.5千克，每一条蚕吐出的丝可以达到1 500～3 000米长。

蚕丝织成的丝绸轻盈、光亮、质地舒适，这些特质是其他材料的织物所不能达到的。

劳动创造世界，也创造了语言文字，在甲骨文时期就出现过许多与丝有关的字符，甲骨文中的“丝”字在《说文解字》中释为：“丝，细丝也”，如果在右边放一个巢字，就是一幅缫丝的场景。

缫丝，煮茧是关键，而煮茧的技术就在于对水温的控制，水温以稍低于100℃为好，但是古时没有温度测量仪器，人们就以水面冒出的气泡大小、多少来判断温度是否合适。

缫丝

苏州丝绸博物馆

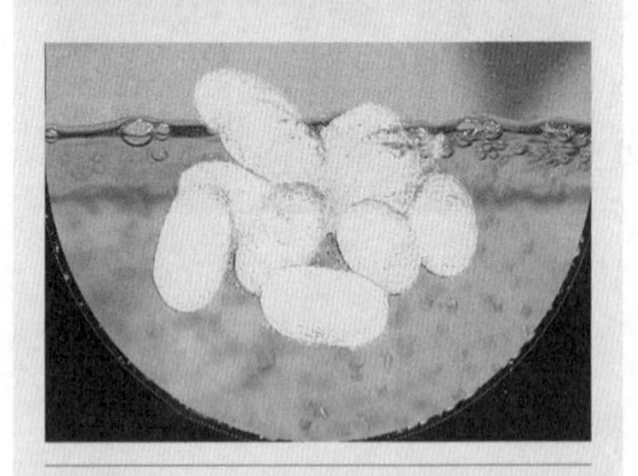

煮茧

缫丝

为了使缫出的丝立即干燥，明代开始有了手摇的缫丝车。

现代缫丝机

随着缫丝工艺的发展，秦汉出现了成型的手摇缫丝车，到宋代，有了生产效率较高的脚踏缫丝车。保存在苏州丝绸博物馆的脚踏缫丝车主要有两个部分，一是炉灶与锅；一是可以转动的绕丝架，缫丝时锅内放上热水，将蚕茧煮一下，可以溶解蚕丝表面的丝胶，另一方面也可以起到杀菌的作用。把蚕茧表面凌乱的丝去掉，找到每根丝的丝头与绕在框架上的丝连接起来，由于蚕丝表面有丝胶，连接时不用打结，丝就会自然地粘在一起，最后用脚踏板转动绕丝架，丝就会被缠绕起来。

古人究竟如何成就了对蚕丝如此实际、巧妙的利用，已经无法讲清，但丝绸这种美丽织物的意义却已经远不限于它的功能了。

说到丝绸，不能不联系到中国的丝绸之路。最早在公元前6世纪的时候，中国已经开始把丝和绸作为礼品赠送给国外的一些人，按现在的说法就是已经成为送给外宾的礼物。到公元前2世纪的时候，中国的商人，包括波斯的商人，通过当时的长安，就是现在的西安，经过陕西、甘肃、新疆，到中亚、西亚、波罗的海沿岸，把丝绸等物品运到了西方，这条路就是大家所说的丝绸之路，它使得沿途的一些国家或者一些城市，密切地联系在一起。这条路已经成为中西文化交流的纽带，它的命名是1887年一个德国地理学家提出来的。

著名的丝绸之路一经提出几乎立即得到所有人的认可，这当然不是因为在这条路上只有丝绸的交流，而是在那个时候西方人对中国蚕丝的

丝绸之路

神奇感；他们想象蚕丝是长在树上，还有的认为蚕丝是通过对蚕做解剖才能得到的，邻邦的公主为了得到蚕丝还有来求亲的。

（费燕）

NO.8 锦上添花与寸锦寸金

凤

“锦上添花”常用于形容那些好上加好，美中更美的事物。锦是以彩色的丝线织成各种花纹的织品，人们常常喻锦为金。锦的高贵在于它的工艺在丝织品中最为复杂，它的织造技术代表着我国古代丝帛织造的最高水平。

“锦上添花”在过去实际上是用来形容丝织各个方面的技术。“锦”字和其他的字不一样，别的字沾丝绸大都是“纟”旁，而唯独“锦”字是“金”字旁，那么“锦”和其他的丝织物有什么区别呢？

金字旁从造字法来说，是会意，《说文解字》对“锦”的解释：“锦，金也，其作之用功，其价如金。”足可以说明它是一种很贵重的丝织品。

锦的高贵是因为在我国古代织物中，它代表着最高的织造技术水平。

要织成一幅彩锦，先要把蚕丝染成不同的颜色，纬丝也就是织物中横丝线的颜色一般都在3种以上，它的织造方法相当于在已经很美的织物上再织上花纹、图案。锦在历史上曾与黄金等价，它代表着穿着者的地位、身份。

没有花纹的丝织物，在古代称为帛，今天我们称为绸。

古书中说：“织素为文曰绮，织彩为文曰锦。”用染成各种颜色的丝线在绸上织出图案、花纹，就成为美丽的彩锦。战国时，“锦绣”二字常被连称，代表最美丽的织物，“锦绣”后来被用作美丽、美好的象征。

在历史上蜀锦、宋锦和壮锦都很有名，但是在所有的锦中，最为华贵的是云锦。

龙锦图

织锦

织云锦要两个人配合

蜀锦、宋锦、云锦、壮锦被人们习惯称为四大名锦，主要是根据产地划分的。

大花楼木织机，高4米，长5.6米，宽1.4米，它就是完成“锦上添花”之作的提花机，织造时需要两个人配合，机器后面用结绳记事法，把图案按照色彩花纹编成程序，楼上的提花工将经线提起，楼下的人根据提起的经线织上不同颜色的纬线，这叫作挖花，也就是我们所说的添花，简单地说是一个人提起经线，另一个人织上纬线完成织造。

在四大名锦中，云锦的色彩最丰富，尤其到了清代，满族皇帝比较喜好金，也就是色彩鲜艳的东西，云锦最能迎合皇帝的喜好。故宫收藏的乾隆后妃穿的吉福袍，每一个尾巴都用了不同的颜色，只有云锦才能织出这样的效果。

织锦时，经线就是竖丝线，要先绷紧在织机上，用纬线就是由织梭穿引的丝线在锦上“添”出不同颜色的花纹、图案。也许普通人很难区分什么是经锦、什么是纬锦，其实就是织锦时花纹的颜色是靠经线实现，还是靠纬线实现，因为经线一旦排列好就不易改变，在织造时经锦颜色的变化受到局限，后来慢慢被纬锦取代。纬锦花色上的变化是靠不同颜色的纬线来实现。在织造时，改变纬线的颜色比较容易，只要不断地变换牵引纬线的织梭，就可以随意改变花纹的色彩。

云锦这种独特的织造工艺使它成为中国丝织史上的“活化石”，这种织造方法所使用的机器至今无法替代，即使是两个配合最为娴熟的织造工，一天最多也只能织

织纬锦

出5厘米，完成一件云锦作品需要相当长的时间。

清代的传世云锦作品——童子攀枝，上面的每个童子穿的衣服颜色都不一样，这就是不断变换纬线颜色的效果，只有云锦的织造方法才能织出这样的作品。

如今，只要有钱就可以买到各种服饰，在古代，服饰与人的地位相一致，如在明代以前，官位越高，可以穿的花纹的纹样就越多，花纹是随着官位的变化而变化，“衣锦为荣”“衣锦还乡”等成语就体现了这方面的意思，说明这个锦不是普通人能穿的。

对“锦”字，无论是中国的历史，还是中国的文学，都很推崇，它体现了技艺与价值，具有很深奥的社会内涵和文化内涵。

（费燕）

云锦

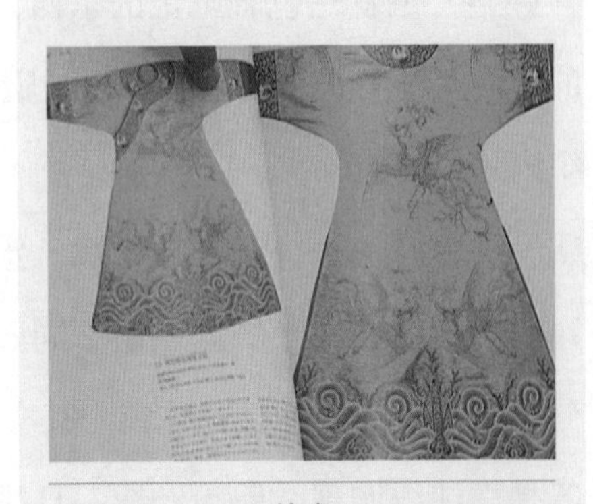

云锦皇袍

云锦的特点：同行不同色

NO.9 钩心斗角话古代建筑技术

复原阿房宫

唐朝诗人杜牧的《阿房宫赋》对阿房宫做了这样的描写:“五步一楼,十步一阁。廊腰缦回,檐牙高啄,各抱地势,钩心斗角。”杜牧在感叹秦始皇修筑的阿房宫巍峨壮丽和雄大气派的同时,也抨击了这种滥用人民血脂的极度奢华。这是成语“钩心斗角”的最早来历。它的具体含义是:“心”是指宫室中心,“角”是指屋檐角。这里的“斗”是指什么呢?是斗拱吗?如果是斗拱的斗,要念“dǒu”;如果是表现它们的相互争高低,那应念“dòu”。随着问题探讨的逐步展开,答案将逐步明了。从总体上看，这个成语主要是指建筑物结构精工巧致。

然而，“钩心斗角”的成语含义则多用它的转义，比喻某些官场、派别的人之间各用心计，互相排挤，带有明显的贬义色彩。

有人不禁要问“钩心斗角”这样一个形容建筑物视觉客观状态的词为什么会具有社会意义？它是如何演变的？

首先从建筑物为什么会具有“钩心斗角”的视觉感说起。

中国的传统建筑有一个显著的特征，就是雄壮的大屋顶和高高挑起的檐角。从城市到乡村，从宫殿、陵墓、寺庙到住宅、民房上都是这样。这种屋顶不仅体形硕大，而且还是曲面形的，屋顶四面的屋檐也是两头高于中间，整个屋檐形成一条曲线，这是中国建筑所特有的形式。在欧洲一些乡村，也有许多木结构的农舍，它们的屋顶也很高大，但屋顶面和屋檐都是笔直的。硕大的屋顶，经过曲面、曲线的处理，

柳子庙戏台

故宫

檐角的人兽

廊桥

显得不那么沉重和笨拙，再加上一些装饰，这样的大屋顶就成了中国古代建筑极富有神韵和情趣的一个组成部分，中国古代的文人将它们形容为“如鸟斯革，如翚斯飞”，尤其是当许多大屋顶建筑物集中在一起，远远望去，鳞次栉比，起伏叠嶂，巨大的屋顶和精巧的屋檐相互映衬，钩心斗角的视觉感油然而现，巍峨壮丽的阿房宫就是这样让杜牧有所触动，写下了“钩心斗角”这样的绝句。那么这种庞大的屋顶是如何做出来的，又是使用什么结构来支撑的呢？

檐角和太阳

斗拱是支撑大屋顶的关键结构。从结构上来讲，中国古建筑还有一个基本特征，这就是俗语讲的“墙倒屋不塌”，这是因为中国古代建筑的基本结构都是用柱和梁支撑，即使墙倒掉，屋顶由于有柱的支撑，也绝不会倒塌。因为屋顶普遍比较大，为了使室内有充足的光线，所以又将屋檐挑出。而支撑出挑屋檐的结构，一方面需从内部构架向外大大延伸，另一方面又需要向上抬高以造成屋檐的翘起，那么，这是怎样做到的呢？正如已故著名建筑学家梁思成所说：“是斗拱起了主导作用。其作用是如此重要，以致如果不彻底了解它，就根本无法研究中国建筑。”那么什么是斗拱呢？

三重檐檐角

在中国古建筑屋身的最上部分，在柱子上梁枋与屋顶的构架部分之间，可以看到有一层用零碎小块木料拼合成的构件，它们均匀地分布在梁枋上，支挑着伸出的屋檐，形成上大下小的托座，这种构件就是斗拱。

斗是一种方形木块，因形状如古代量米的斗而得名；拱是一种矩形截面的短枋木，外形略似弓而得名。斗拱因位置不同而名称也有别，如最下面的叫栌斗，上面有华拱等。

斗拱的作用在于随上部支撑的屋檐，将其重量直接或间接地转到柱子上。由于斗拱有逐层挑出支撑重量的作用，就可使屋檐出挑很多。当建筑物比较密集，远远望去，许多高高翘起的屋檐角真像在比试争斗，难怪杜牧要用斗角来形容。这里的“斗”念什么声，也就不言而喻了。

斗拱出现得很早，公元前5世纪，战国时期的青铜器上就有斗拱的形象。从汉代的石阙、墓葬中的画像石所表现的建筑上，我们可以见到早期的斗拱式样。到唐宋时期，这种斗拱的形制已经发展得很成熟了。山西五台山唐代佛光寺大殿是

戏台屋顶内部

屋顶的装饰

支撑戏台的房柱

我国迄今留存下来的最早的木建筑。大殿屋身上的斗拱很大，一组在柱子上的斗拱，有四层拱木相叠，层层挑出，大殿的屋檐伸出墙体达4米之远，整座斗拱的高度也达到2米，几乎有柱身高度的一半，充分显示了斗拱在结构上的重要作用。随着建筑材料与技术的发展，斗拱的支挑作用逐渐减少，斗拱本身的尺寸也随之逐渐缩小，宋朝以后的建筑可以明显地看到这种现象。到了明清时期，屋檐下斗拱的结构作用相对更加减小，而斗拱的装饰作用却越来越突出。著名建筑学家梁思成在其所著《清式营造则例》中对宋元时期到明清时期斗拱的演变做了图示，从中可以看出，斗拱发生了变化：由大而小，由简而繁，由雄壮而纤巧，由结构而装饰，由真结构而成假刻，分布由疏朗而繁密。

随着时代的进步，为了便于制造和施工，斗拱的式样越来越趋于统一，组成斗拱的拱、斗等构件的尺寸走向规范化。因为斗拱构件的尺寸比较小，古代工匠在房屋的设计和施工过程中，逐渐将它们的尺寸当作一种单位，作为房屋其他构建大小的基本尺度。宋朝有一部关于房屋建造形制的法规，叫《营造法式》，规定将拱的断面尺寸定为“材”，这个“材”就成为一幢房屋从宽度、深度、立柱的高低、梁枋的粗细到几乎一切房屋构件大小的基本单位。“材”本身又分为8个等级，尺寸从大到小，各有定制，一座建筑可以根据这座建筑的性质、规模选用哪一等级的材，然后以这一等级材的尺寸为基本单位，计算出所用柱、梁、枋等构件的大小，算出房屋高度、出檐深浅等需要的数字。这样，斗拱就

重檐歇山顶房屋

悬山顶式房屋

逐渐演化成中国建筑独有的一种制度。这种制度与欧洲文艺复兴以后以希腊罗马旧物所制定的法式，以柱径之倍数或分数定建筑物的各部权衡相类似，但欧洲的法式比我国晚了几百年。由此可见中国古代工匠的聪明才智。到了明清两朝，对斗拱的规定又打上了新的等级印记，如规定哪一级朝官的住房上允许或者不允许用斗拱，在营造中，也将有斗拱的房屋称作大式作法，将没有斗拱的房屋称作小式或杂式作法，用不用斗拱已经成为区分建筑等级高低的一种标志。

从斗拱的演变和发生、发展过程，我们可以看出，随着时代的发展，斗拱实际功用逐渐弱化，而附加在它上面的装饰功能、计量功能却逐渐强化，以致掩盖了它的本来作用。小小的斗拱，最终也脱离不了中华文化大范围的熏陶和影响，成为表现中华文化的一个重要载体。

有意思的是，斗拱由疏朗而繁密、由硕大而纤巧、由真结构变成装饰的过程，在某种程度上也暗合了“钩心斗角”的文化含义，斗拱的这种变化正为“钩心斗角”的产生提供了载体和基础。

“钩心斗角”后来写作“勾心斗角”，更能准确地反映这种社会现象，符合生活的本来面目，但人们使用时，一定别忘了它的原始意义。

（姜丹）

NO.10 伯乐相马与古代相马术

马在古代的用途

传说中，天上管理马匹的神仙叫伯乐。在人间，人们把精于鉴别马匹优劣的人，也称为伯乐。第一个被称作伯乐的人叫孙阳，他是春秋时代的人。由于他对马的研究非常出色，人们便忘记了他本来的名字，干脆称他为伯乐，这个称谓一直延续到现在。

一次，伯乐受楚王的委托，购买能日行千里的骏马。伯乐向楚王说明，千里马少有，找起来不容易，需要到各地巡访，请楚王不必着急，他将尽力把事情办好。伯乐跑了好几个国家，都仔细寻访，辛苦备至。连素

古画中对马的鉴别

以盛产名马闻名的燕赵一带，都没发现中意的良马。一天，伯乐从齐国返回，路上看到一匹马拉着盐车，很吃力地在陡坡上行进。马累得呼呼喘气，每迈一步都十分艰难。伯乐对马向来亲近，不由走到跟前，马见伯乐走近，突然昂起头来瞪大眼睛，大声嘶鸣，好像要对伯乐倾诉什么，伯乐立即从声音中判断出这是一匹难得的骏马。

伯乐对驾车的人说："这匹马在疆场上驰骋，任何马都比不过它，但用来拉车，它却不如普通的马，你还是把它卖给我吧。"驾车人认为伯乐是个大傻瓜，他觉得这匹马太普通了，拉车没力气，吃得太多，骨瘦如柴，毫不犹豫地同意了。伯乐牵走千里马，直奔楚国。伯乐牵马来到楚王宫，拍拍马的脖颈说："我给你找到了好主人。"千里马像明白伯乐话的意思，抬起前蹄把地面震得咯咯作响，引颈长嘶，声音洪亮，直上云霄。楚王听到马嘶声，走出宫外。伯乐指着马说："大王，我把千里马给您带来了，请仔细观看。"楚王一见伯乐牵的马瘦得不成样子，认为伯乐愚弄他，有点儿不高兴，说："我相信你会看马，才让你买马，可你买的是什么马呀，这马连走路都很困难，能上战场吗？"伯乐说："这确实是匹千里马，不过拉了一段车，又喂养不精心，所以看起来很瘦。只要精心喂养，不出半个月，一定会恢复体力。"楚王一听，有点儿将信将疑，便命马夫尽心尽力把马喂好，果然，时间不长，马变得精壮神骏。楚王跨马扬鞭，但觉两耳生风，喘息的工夫已跑出百里之外。后来千里马为楚王驰骋沙场立下不少功劳。楚王对伯乐更加敬重。

马群

马头

牧马人

相马，也就是根据马的外形特征和生理学等特点来鉴别马的优劣，衡量它们的使用价值。相马是古代兽医学的重要组成部分，相马专门人才的出现是社会发展到一定阶段的必然产物。

距今四五千年的新石器时代晚期，马已经被我们的祖先驯养成为家畜。随着社会的发展，马由食用逐渐转向役用和军用。养马业兴起，促进了对动物形态结构的认识和生理学知识的积累。在养马的实践过程中，古人认识到马的形态生理和生产功能之间具有一定的联系，逐渐形成了相马的知识。春秋战国时期，出现了专门研究马的形态并善于治疗马病的专家，伯乐就是其中杰出的一位。当时与伯乐齐名的还有相马能手九方皋和相牛能手宁戚等。“相马”或“相牛”也通称“相畜”，就是根据家畜的外形特征和生理学等特点，如毛色、牙齿、骨骼、肌肉、神态、蹄爪等来鉴别其优劣，衡量它们的使用价值。相畜是古代

马尾

兽医学的重要组成部分。

我国古籍中相马的书很多，可惜大部分已佚。现存北魏贾思勰的《齐民要术·相马经》中，保存了北魏以前相马学的成就，这是我国现有的早期完整的一份相马学文献资料，从中可以了解古代的人们对动物形态生理的深刻认识。

首先，基于对马的整体认识，贾思勰在《相马经》中提出了“先除三羸五驽，乃相其余”，即把头大颈小、脊软腹大、胫小蹄大（三羸），以及头大耳垂、颈长小弯曲、躯体短四肢长、腰长胸短、后躯宽前躯短、骨盖和大脑不发达（五驽）的马先淘汰掉，然后再对其余马匹做全面细致的鉴定。从解剖学看，“三羸五驽”的马都是整体失调有严重缺陷的，当然在骑乘和负重上不能合格，理应淘汰。继之，《相马经》就马的形态整体和局部鉴定提出了明确要求，整体是：“马头为王，欲得方；目为丞相，欲得明；脊为将军，欲得强；腹胁为城郭，欲得张；四下为令，欲得长。”这里的王、侯、将、相、城、郭、令是比喻说明各部分作用及重要性的。局部要求依次是：“头欲得高得重少肉”，“眼欲高、眼如铃、光亮”，“耳欲相近前竖、小而厚”、“鼻欲广方、孔大”，“唇欲上急而下、缓厚多理”，“齿周密、满厚、左右不蹉”，“颈长、肌肉发达”，“胸宽、腔大”，“背平广、腹大垂”，“两髂及中骨齐，肩古深、臂古长、膝有力、股古短、胫骨长”和“四蹄厚而大”。这些外形鉴定的要求都是从实用出发的，鉴定要领达到相当精深完备的程度。

《相马经》还提出了相马五脏法：“肝欲得小；耳小则肝小，肝小则识

马耳

马在古代战争中的用途

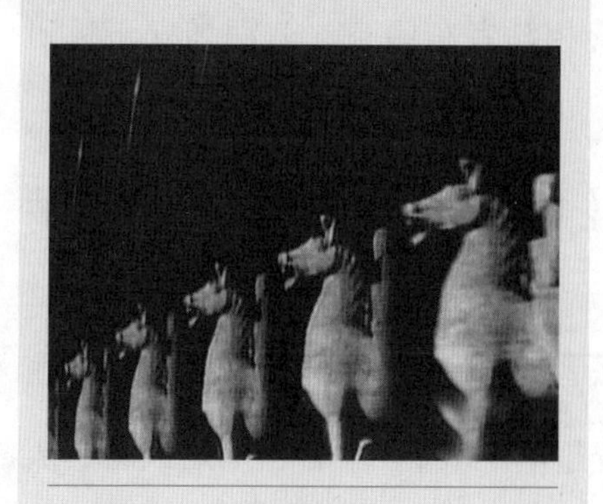

铜马

人意。肺欲得大，鼻大则肺大，肺大则能奔。心欲得大；目大则心大，心大则猛利不惊，目四满则朝暮健。肾欲得小；肠欲得厚且长，肠厚则腹下广方而平。脾欲得小；肷腹小则脾小，脾小则易养。”这说明当时人们已经了解动物外部形态与内部器官之间、内外各器官之间、结构与功能之间的相关性，注意从外表联系到内部，以判断马的生产性能，给予科学的评价。《相马经》还提出了利用口色鉴定华质健康状况和生产性能，并提出筋骨和马的华质分类差异。

《相马经》最后用12字概括指出千里马的典型特征："龙颅突目，平脊大腹，（肶）重有肉"，此标准集头颅、中躯和后躯三大主要部分的良型要求于一马，真是既复杂又简单，既全面又精要，既形象又生动，体现了很高的认识水平。

特别需要指出的是，西方直到18世纪才形成马的外形鉴定学，与《齐民要术》保存的"相马法"相

兵马俑中的石马

比，要晚近1 000年。

1973年长沙马王堆三号墓出土的《帛书·相马经》是我国古代又一部优秀相马著作。全文5 200字，内容记载与《齐民要术·相马经》多不相同。据认为，可能是汉初承袭前代相马诸家之说的著作抄本。《帛书·相马经》的科学价值在于它使今人见到了长期失传而最古老的畜牧著作，证实了我国古代相马的悠久历史，使我们了解到古代相马的生物学基础知识。

在《帛书·相马经》中，不仅区分马有良、驽之分，而且把良马进一步区分为国马、国保（宝）、天下马和绝尘诸等级。与《齐民要术·相马经》较多记述马的头部相法相比，《帛书·相马经》更加重视相眼，方法也更细致。由此我们可以看出，汉代时期对马的形态学、解剖生理学的知识已经很精确了。

我国古代不仅有相马专著，而且还制作了相当于现代畜种标准模型的铜制马。公元前105年汉武帝远征大宛回来时，得大宛马，以铜铸像立于金马门。其后，汉孝武帝时期的善相马者东门京，铸铜马立于鲁班门外。再后来，名将马援（也是相马家）于汉光武帝时铸立高三尺五寸、围四尺四寸的铜马于洛阳宫中。铸铜马不仅可供人们参看，对认识和研究马的形态也能起到更好的直观作用。

清初王夫之指出:“汉唐之所以能张者，皆唯畜牧之盛也。”唐代的畜牧业中尤以养马业最为发达，马成为战争的工具，“马者，国之武备，天去其备，国将危亡。”除此之外，马还是贵族特权的象征。国家对于马的依赖与重视，使得养马业得到了异乎寻常的发展。7世纪早期，唐朝建立之初，唐朝的统治者在陇右（今甘肃）草原上牧养的由国家所掌握的马匹只有5 000匹，其中3 000匹是从隋朝继承的，其余的是战突厥的战利品。到了7世纪中叶时，唐政府就宣布已经拥有了70.6万匹马。

隋唐时期，由于军事上的需要，养马仍然是国家的要政之一，这其中又以唐代的马政最为突出。唐初，在陇右之地，置监牧以管理养马的事情，由此开始有了监牧之制。监牧制中有一整套的官僚机构，上自太仆，下至群头，各司其职。后来为了牵制太仆的权力，又有了监牧使、群牧都使、闲厩使等官职。监牧制一度对唐代养马业的发展起到了积极的作用。

在唐代养马业中起积极作用的还有相马术的发展和马籍制度的完善。《司牧安骥集》对相马术有系统的论述，其曰："马有驽骥，善相者乃能别其类。"又说："三十二相眼为先，次观头面要方圆。"相马的目的在于区别马种的优劣和马龄的大小。唐代以登记马种优劣为主要内容的马籍制度更加完备，"马之驽良皆著籍，良马称左，驽马称右。每岁孟秋，群牧使以诸监之籍合为一，以仲秋上于寺。"与之相配合的还有马印制度，"凡马驹以小官字印印右膊，以年辰印印右髀，以监名依左右厢印印尾侧"，"至二岁起脊，量强弱，渐以飞字印印右膊，细马、次马俱以龙形印印项左"，"其余杂马齿上乘者，以风字印左膊，以飞字印左髀。"通过马籍、马印制度把马的优劣区别开来，为马匹的良种繁育提供了有利条件。

殉马坑

为了繁育良马，隋唐时期还从大宛、康居、波斯等国引进马种，这些外来马种的引进，对中原马种的改良起到了积极作用。《新唐书·兵志》指出："既杂胡种，马乃益壮。"表明当时对于不同品种之间马匹进行杂交而产生的杂种优势，已有所认识。

唐代还订立了家畜饲料定额标准，据《唐六典》记载，这一标准考虑到了不同的家畜（象、马、驼、牛、羊、蜀马、驴、骡等，还考虑到了家畜的齿龄——乳驹、乳犊）。饲料则主要有藁、青刍、稻谷、大豆、盐、粟、青草、禾和青豆等，这是唐时对国有牧场所规定的饲料定额。为了保证冬季的饲料供应，还建立了家畜饲料基地。《新唐书·王毛仲传》："初，监马二十四万，后乃至四十三万，牛羊皆数倍，莳茼麦、苜蓿千九百顷，以御冬。"

隋唐时期，养羊和养牛也受到重视，培育出了著名的羊种——苦泉羊。苦泉羊，又名同州羊，是唐代育成的一个优良羊种。这种羊皮毛细柔，羔皮洁白，花穗美观，肉质肥嫩，有硕大的尾脂。据《元和郡县图志》卷二《同州朝邑条》载："苦泉，在县西北三十里许原下，其水咸苦，羊饮之，肥而美。今于泉侧置羊牧，故俗谚云：苦泉羊，洛水浆。"同州朝邑即今陕西大荔沙苑地区，秦汉以来均是畜牧业发达地区。唐代在这里设沙苑监，牧养陇右诸牧牛羊，以供宴会、祭祀及尚飨所用，同州羊就是在这里培育成功的，它以味美著称。苏东坡曾说："烂蒸同州羊，灌以杏酪，食之以匕，不以箸，亦大

殡葬的马匹

奔跑的马群

壁画上的马

牧马人在套马

快事。”

隋唐还创立了完备的兽医教育体系。唐王朝在中央政府和监苑牧场中分别设有畜牧兽医官员和专职兽医师，太仆寺内就有专职兽医600人，尚乘局内有兽医70人。又据《旧唐书·职官三》载：太仆寺设“兽医博士四人，生学百人。”《隋书·百官志》说：“太仆寺又有兽医博士员一百二十人。”这是世界上最早的兽医学校。现存最古老的一部中兽医学专著——《司牧安骥集》，较大的可能是隋唐时代太仆寺的一些兽医博士写的教材。

《司牧安骥集》，又名《安骥集》，一般认为由唐宗室李石组织编撰而成。以后在刊印过程中，又续有增补。该书系汇集唐代前后的主要兽医学论著编纂而成，对马病的诊断治疗有较系统论述。该书在相马外形学中，首先提出选育良马要查阅良马的血缘系谱，指出“相马不看先代本，一似愚人信口传”；在“旋毛论”中指出中国古代马的

60个优良品种的毛色特性。该书收录的《伯乐针经》是现存最早的兽医针灸文献，所列的穴位至今仍在兽医临床上广为应用。收载的4篇“五脏论系”中关于兽医脏腑学说、经络学说的经典著作，自宋至今的许多兽医书都转抄作为理论依据。马病诊断和防治是本书的核心，诊断也以“疾病各论”的形式分述各病的症候特点，“造父八十一难经”和“黄帝八十一难经”侧重症候诊断，“看马五脏变动形相七十二大病”和“新添马七十二恶汗病源歌”是症候诊断和治疗俱全的疾病的各论，“三十六起卧病源图歌”“三十六黄”“二十四黄”“疮肿病源论”等是腹痛起因和疮黄疔毒症的专论。《安骥药方》和《蕃牧纂验方》是唐宋时期的方药书，其中有些处方至今仍在临床上应用。

（崔黎黎）

NO.11 自相矛盾 说矛话盾

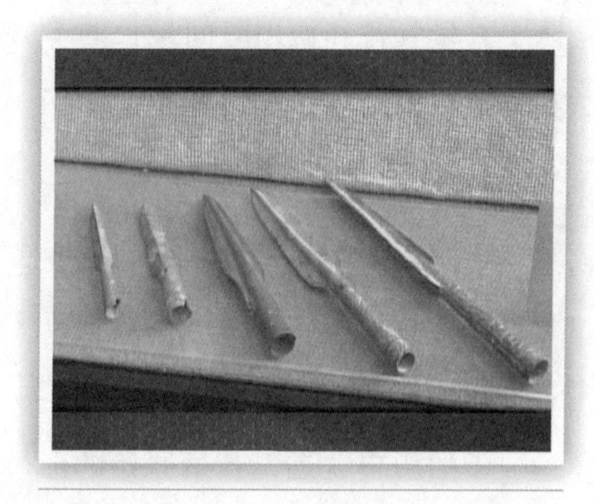

矛头一

如果说起矛盾这个词，大家很容易联想起毛泽东同志的名著《矛盾论》，其核心就是说矛盾无处不在，无时不在，这也是唯物辩证法最根本的法则。但是矛盾这个词的出处却让人很容易联想起一个成语故事。

“自相矛盾”这个成语的出处是《韩非子·难一》:“楚人有鬻（yù）楯和矛者，誉之曰:‘吾楯之坚，物莫能陷也。’又誉其矛曰:‘吾矛之利，于物无不陷也。’或曰:‘以子之矛，陷子之楯，何如?’其人弗能应也。”后来便以“矛盾”连举，比喻言语或行为相互抵触。

“自相矛盾”的故事是韩非子最著名的寓言之一，矛盾几乎就是荒谬的同义词。但是，矛盾的本身并非是对与错的较量，而只是事物冲突的双方。

在韩非子的时代，“矛与盾”已经成为人们生活中所熟知的战斗工具。“矛”是一种用于直刺和扎挑的长柄格斗兵器，是世界各国古代军队中大量装备和使用时间最长的冷兵器之一，由矛头和矛柄组成，矛头多以金属制作，矛柄多采用木、竹、藤等，也有少量用金属制作的。在中国古代，东汉以前因为各地方言不同，对矛的称谓也不尽相同。

矛的历史久远，其最原始的形态是旧石器时代人类用来狩猎的前端呈尖状的木棒，后来人们逐渐用石头、兽骨制成矛头，绑在长木棒的前端，增强杀伤效能。在中国的新石器时代遗址中，常发现用石头或动物骨角制造的矛头。

当世界历史进入文明时代，人们掌握了冶铜技术，开始制作铜质

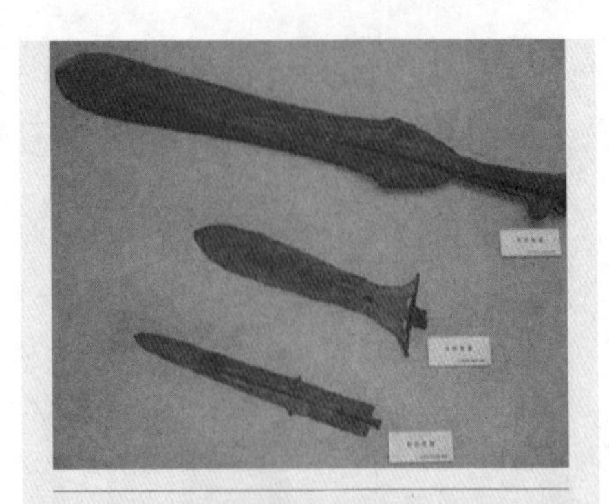

矛头二（金属）

矛头三（带花纹的）

矛和盾

盾的使用一

盾的使用二

藤盾

的矛头。至少在公元前3 000年，埃及和两河流域的古代文明中就已经出现了铜矛。从公元前25世纪的石碑上，还可以看到装备有胄和盾牌的步兵手持长矛列队前进的图像。

在中国古代，至少要延迟到公元前16～前11世纪的商朝时期，青铜制作的长矛才开始成为重要的格斗兵器。

初期的矛并无定型，到了铜器时代，才有了较一致的形式。根据殷墟出土的大批实物来看，商代的铜矛，刃部已具有双锋。安柄的銎筒有两种，一种直透于矛头，另一种仅止于矛銎。銎部两侧有环或孔，用以系缨。《诗经》说“二矛重英”，英就是指矛上的缨饰。周代，矛的形制有了改变，过去的銎比刃长，这时期的刃比銎长；过去刃部多是双隅，这时期有了三隅和四隅，两侧的环也已被取消。到了战国以后，随着冶铁技术的发展成熟，矛也改用铁制。从秦汉到唐及五代，矛的形制和周代基本相同。两晋隋唐时期，矛又叫槊，但矛头的形制基本未变。矛的前端锋利，直刺效果比戈好，冷兵器时代，长期为军队中的主要武器之一。汉献帝建安四年，孙策进攻黄祖，孙军抵沙羡（今湖北省武昌西南），刘表派他的侄子刘虎和韩浠率长矛兵5 000人去援助黄祖。可见这种兵器是当时军队的主要装备。随着钢铁冶锻技术的提高，矛头的形体加大并更加锐利，如河北省易县燕下都出土的铁兵器中，就有19件矛头，都是带有长矛的窄叶矛，矛头长33～38厘米，其中有一件矛后带有孑刺的长茎，长达66厘米。直到汉代，钢铁制造的矛头才逐渐取代青铜矛头。大约从晋代起，开始出现枪的提法，以后的古籍中，多称其为枪。至隋唐时，枪（即矛）就已经成为使用最为普遍的一种兵器，宋代时枪已经发展到了更多种形制。

枪在我国应用了很长时间，直到20世纪20年代第一次国内革命战争时期，农民赤卫队的主要装备还是枪，上面系着红缨，故名红缨枪。

持盾俑

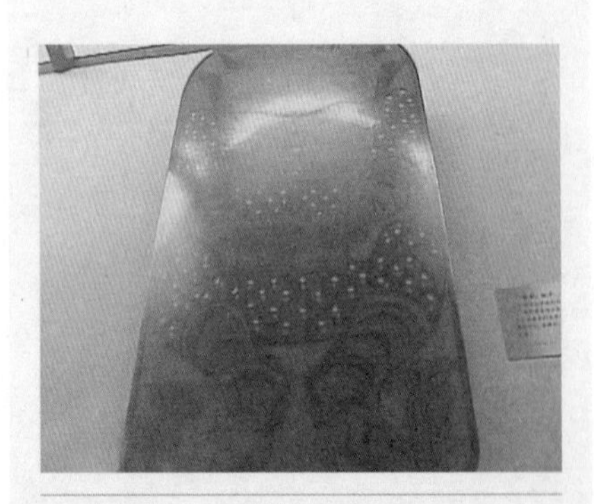

盾

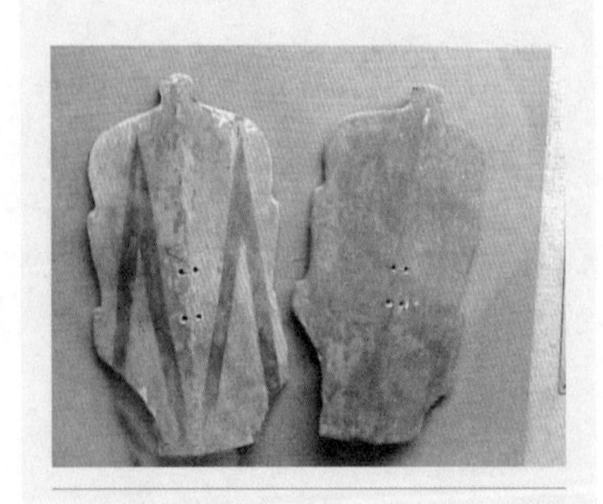

冥器中的陶盾

"枪"的含义随着时代而改变，现在我们说的枪，已经变成了能发射子弹的"铁家伙"了。

作为防御武器的盾，在战争中起着不可忽视的作用。盾在古代最早叫"干"，后来叫作盾或盾牌。盾可以掩蔽身体，防卫敌人兵刃的杀伤，通常和刀、剑等兵器配合使用，在冷兵器时代和其他兵器列于同等重要的地位。

盾在西周初期已经成为军队主要装备之一，当时的盾分步兵用和车兵用两种，步兵用的形制狭而长，叫作步盾；兵车上用的狭而短，叫做孑盾。这些盾用犀牛皮或木板制成，因而也叫犀盾、木盾。骑兵出现以后，又发明了骑兵用盾，叫作旁排。这种旁排为正圆形，中央向外凸出，里面有两根系带，用时绑在左臂上，以防敌人射箭的损伤。

其实在历代的战争中，出现过很多不同规格的盾，比如，在汉代刘熙的《释名·释兵》中就有这样一段记载："狭而长者曰步盾，步兵所持，与刀相配者也；狭而短者曰孑盾，车上所持也。孑，小称也。"意思就是步兵用的盾长，而战车上用的盾比较短小精悍。

在古代，还出现过贵族专用的盾，这些盾相比较而言制作得比较精美，在盾牌上多半都漆有精美图案。在这种情况下，盾除了它本身的防御功效外，似乎也体现出了统治阶级身份和权势，说它是一种装饰品也不为过。

从秦汉到五代，军队大都装备有盾，尤其是在汉唐时代，更为盛行。到了明代，随着火器的发明和使用，出现了新式盾牌，其中著名的有神行破敌猛火刀牌、虎头火牌、虎头木牌等，这些与火器并用的

皮盾

铁盾

牌是明代所特有的。

用竹、藤等制成的盾牌，对刀枪等冷兵器还有一定的防护作用，但是对火器就显得效力甚微了，清中期以后，这种盾牌便逐步被淘汰。

西汉时骑兵日渐成为军队的主力兵种，出现专供骑兵使用的长矛，称为“矛”。据汉刘熙著《释名》:“矛长丈八尺曰槊，马上所持。”（丈八尺约合4米）。到东晋十六国和南北朝时期，人马都披铠甲的重甲骑兵所使用的主要格斗兵器就是矛。据《梁书·羊侃传》记载，当时制成的矛长2丈4尺（约7米），羊侃试用时“执槊上马，左右击刺，特尽其妙”。直到唐代，矛一直被视为民间禁止持有的重要兵器之一。唐代以后，矛头尺寸减小，更轻便合用。根据不同的战术用途，矛的种类增多,《武经总要》中，载有步兵和骑兵使用的“枪”有9种。火器出现后，矛仍是军中必备的冷兵器，在明代枪、炮已有相当威力，但使用有限，盾牌仍然发挥其作用。尤其在抗倭战场上，戚继光采用轻捷的藤牌兵器屡胜倭寇。戚继光《纪效新书》上说：盾牌“其来尚矣，主卫而不主刺，国初本加以革，重而不利步”，故改“以藤为牌，铳子虽不御，而矢石枪刀皆可蔽”。至于演练藤牌的方法，何良臣《阵纪》说道：“赖礼衣势、斜行势、仙人指路势、滚进势、跃起势、低平势、金鸡闯步势、埋伏势”8种，至于姿势，则要求“盾牌如壁，闪牌如电，遮蔽活泼，起伏得宜”，都是灵活的上步、退步、小跳步等。到清军入关时已有藤牌军，牌用坚藤制，呈反荷叶形，因其坚又有伸缩性，所以抵御刀剑枪斧及矢镞弹丸，颇有效，多为冲锋陷阵之步兵用。总之，矛和盾一直与火器并用到清朝后期。这古老的防

木盾

御武器，在今天却成了武术锻炼中的器具，用盾牌进行的对练项目，如盾牌刀对单刀、盾牌刀进棍、盾牌刀对朴刀等，不仅在国内表演受到大众欢迎，在国外表演也颇获好评。

“自相矛盾”这个成语在今天已经被演化成泛指对立的事物互相排斥，已经没有它的本意了。

在生活中，其实自相矛盾的事情很多，只不过有时候我们没有意识到自己犯了这样的错误罢了，因此就会闹笑话。另外，有些时候通过现实生活中存在的种种矛盾，还能创造出令人意想不到的奇迹来，如发生在毛泽东和著名科学家钱学森之间的小故事，就是一个很好的例子。毛泽东在看过钱老给他汇报的新导弹后，根据矛盾这个哲学原理推断出了既然能发射导弹，是不是也可以发射反导弹的武器呢？于是钱老豁然开朗，我国的反导弹型武器应运而生。

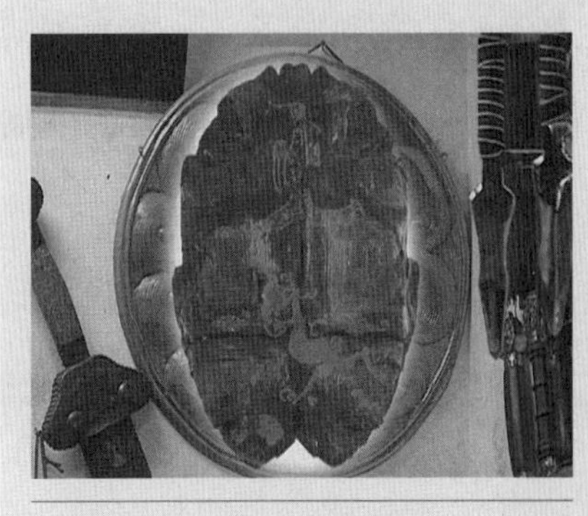

龟甲盾

（崔黎黎）

NO.12 刀光剑影话刀剑

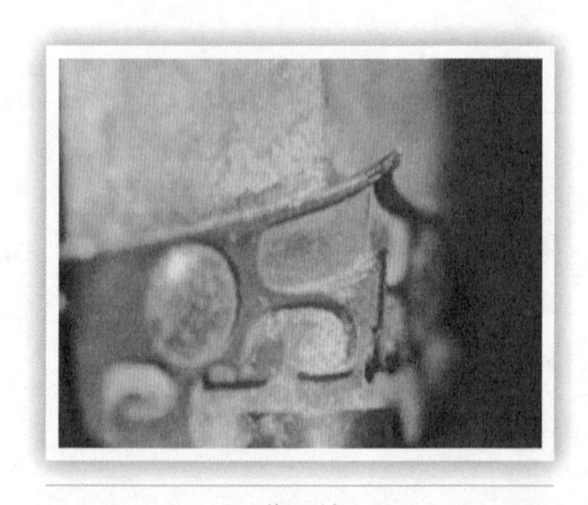
越王剑

“刀光剑影”的本意是，隐约显现出刀剑的闪光和影子，形容激烈搏斗的场面或杀气腾腾的气势，其中蕴含着中国古代军事中冷兵器的发展历程。

刀和剑都曾经是古代重要的作战及防身武器，刀一般是单面侧刃，厚脊，主要用于砍杀之用；剑则是双刃，中间有脊，主要用于刺杀，偶尔也兼有砍的性能。

从考古资料和众多的文献记载上看，历史上刀和剑并不是同一时期

有刀剑记载的古书

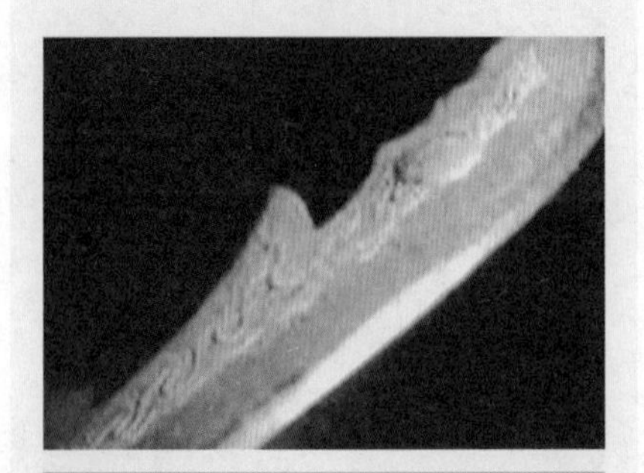
刀

关羽

战斗中对刀剑的使用

出现，而是先有剑，后有刀，在发展过程中剑逐步被刀所取代。现在我们能看到的剑也只能是作为一种装饰或者锻炼的器具，但是在刀、剑盛行的年代里，从冶金技术上分析，那时候的刀和剑的制作都达到了相当高的水平。

剑由剑身和剑柄构成。剑身多修长，两侧出刃，顶端收聚成锋，后面安有短柄，通常配有剑鞘。

从现在出土的实物看，迄今发现最早的剑是西周初期的铜剑，当时剑的形制还很不完备，仅仅是末端尖锐、两边有刃的扁平形状的铜片，剑身中间还没有脊，也没有剑格和剑身，茎很短，携带时插在腰部。在以后的岁月中，通过不断改进，剑身中央起了脊，茎加长成为剑柄，并有了剑首和剑格，剑的形制才算逐步完善。

到了东周时期，青铜铸剑技术逐渐趋于成熟，很多贵族武士都喜欢佩剑，因此剑的装潢也讲究起来。有的剑柄镶金嵌银，雕刻着考究的纹饰，极其精美，而铜剑的使用和制作在春秋晚期至战国早、中期达到了一个高潮。

特别是在水网纵横的南方吴、越地区，由于这里的军队与中原以战车兵为主要兵种的情况不同，是以配备剑、盾等兵器的步兵为主，因此才使铜剑的制作技术得到了长足发展，剑身明显加长，大多超过了50厘米。

在战事的促进下，铸剑技术有了明显提高，从部分出土的春秋铜剑检测发现，剑体用两种含量不同的青铜嵌铸而成。剑的两刃含锡量高，用以增加剑的硬度，而中脊含锡量低，有的还加入较多的铅，以保证一定的韧性。

用这样的方法制成的剑，既能保证两刃的锋利，又增加了战斗中剑体中脊的抗震性能，使剑不易折断，此外，还可以将剑身加长，便于刺杀。

当铜剑的使用和制作水平达到高峰的时候，铁兵器已经问世了。

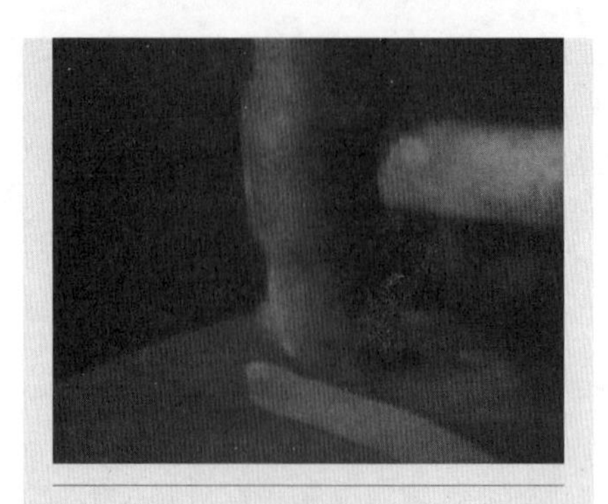
打造刀

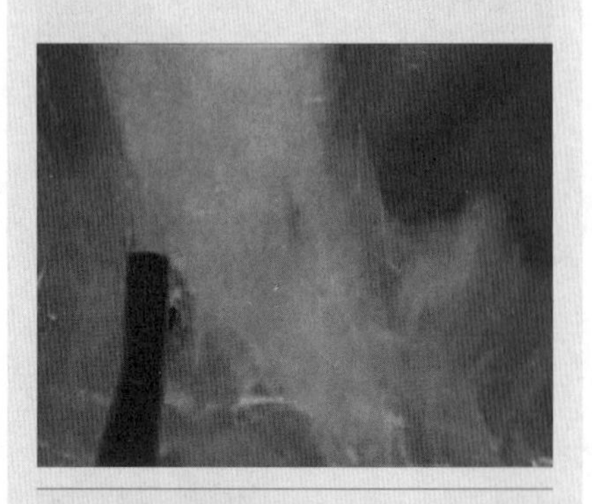
烧铸刀

打磨剑

从众多出土的文物中不难看到，钢铁制作的剑，以其巨大的优势迅速发展起来。战国时期，一些国家已经较多地使用铁剑，剑身也进一步加长。

在河北省易县燕下都遗址的一座战国晚期墓葬中出土了15柄铁剑，其中最长的达到100.4厘米，剑身的增长，除了用于直刺之外，还增强了用于劈砍的功能。

《墨子·节用》中说："为刺则入，击则断，旁击而不折，此剑之利也。"可见这时中国的剑术已经能"持短入长，倏忽纵横"，有相当高的技巧了。

在近年的考古发掘中，发现了不少铸剑的精品，最有代表性的就是湖北江陵出土的越王勾践剑。

1965年12月，湖北省江陵县望山1号楚墓出土了一件绝世珍品，它就是春秋战国之交，越国的君王勾践生前所用的青铜剑。剑全长55.7厘米，剑格宽4.6厘米。剑身满饰黑色菱形花纹，正面近格处有两行8字的鸟篆铭文："越王鸠浅（勾践）自乍（作）用剑。"剑格正面和背面铸有装饰图案，并分别镶嵌蓝色琉璃和绿松石。剑柄为圆茎无箍。剑首向外翻卷成圆盘形，内铸11道同心圆圈。出土时，剑放置于黑色漆木剑鞘内。剑身光亮，毫无锈蚀，刃薄锋利。经过无损检测，其合金成分主要是铜和锡，黑色花纹为硫化铜。铸造之精湛居我国同类兵器之首。

越王勾践之剑，虽然被掩埋千年，却仍完好如新，锋刃锐利，寒光逼人，这不得不让后人佩服古人高超的制剑工艺。剑在中国历史上曾经风靡数千年，造就了众多载入史册的英雄豪杰，这也许就是剑的魅力吧。

在长期的战斗实践中，证明了剑虽然有砍、刺两种作用，但是在砍杀效能和坚韧程度上却不如刀。因此，到了汉代剑的地位逐渐被刀所取代。三国以后，剑已经仅仅作为官员佩带的饰物和防身的武器来使用了。

在中国古代，新石器时代的石刀和青铜时代早期的青铜小刀，就可以看作是刀的雏形了。商代时，铜刀形制比以前进步了许多，但是还没有完全成为兵器。直到西汉初年，由于战争中大量使用骑兵，更需要适合用于劈砍的武器，于是刀应运而生。由于刀只有一侧有刃口，另一侧做成厚实的刀脊，厚脊薄刃从力学角度上看不但利于劈砍，而且刀脊无刃，可以加厚，不容易被折断。

古法安装剑

由于钢铁冶锻技术的进步，西汉初期还出现了一种新型的钢铁刀，它直体长身，薄刃厚脊，短柄，柄首加有扁圆状的环，被称为“环首刀”。这种刀在河北满城县的西汉中山靖王刘胜墓中曾经出土过。

各式刀剑

环首刀在西汉初期发展比较快，例如在河南省洛阳市西郊的汉墓中，就出土了比较长的环首刀，长度为85～114厘米不等。可以看出，适于劈砍的短柄钢刀逐渐成为步兵和骑兵手中的主要格斗武器了。

宝刀衡

环首刀一直沿用到魏晋南北朝时期，在这一时期，刀的形状和佩带方式有了一些变化，比如宁夏回族自治区固原县北周李贤墓出土的环首刀，刀把包银，外附髹漆木鞘，鞘上装有银质双耳，表明当时的佩刀方法已经改为悬垂于腰带上的双附耳式佩系法了，这是接受了来自西方的古代伊朗影响的产物。

隋唐时期，普遍使用装有双附耳的刀鞘，军队中实战使用的刀，主要是横刀和陌刀。横刀也称佩刀，短柄。据《新唐书·兵志》记载，它是每个士兵必备的兵器。陌刀是长柄两刃刀，为盛唐以后主要流行的兵器，主要由步兵来使用。

随着时代的发展，又出现了许多形态各异、做工考究的钢刀，钢刀的出现无疑是冶金锻造工艺发展的一个里程碑。随着火器的相继出现，开始逐步改变了军队的装备，虽然冷兵器逐渐开始走下坡路，但是刀和剑在中国古代军事史上的地位依旧是不可动摇的。

刀作为一个简单的武器，无论是从它的打造还是设计，基本都来自民间，由于它的经济实用，逐渐被广大的劳动人民所认可，它不再是贵族才能拥有的奢侈品。正是由于它的这种普遍性，进而促进了我国武术的不断发展。

正是因为打造刀剑的技术很简单，才使得历朝历代的铁匠铺几乎都能够打造这种兵器，那么兵器有了，武艺也就不难练就了，这也是我国古代广大劳动人民的体能和技能得到很大发展的根本原因之一。

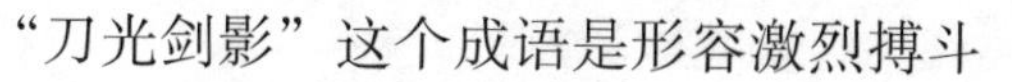
“刀光剑影”这个成语是形容激烈搏斗

各式刀剑

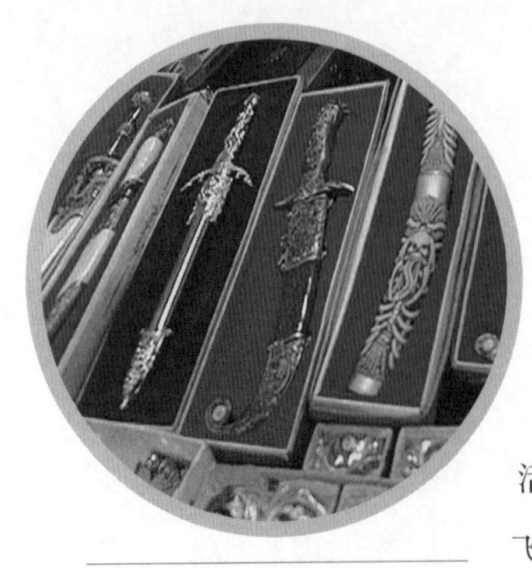

腰刀

的场面或杀气腾腾的气势，通常容易被用在一些武侠小说中，用它来形容一些武打场面的惊心动魄，使人感同身受，更容易抓住读者的心。

今天，刀和剑依然存在于我们的生活中，从早晨公园中晨练的人们手中上下飞舞的宝剑，以及武术比赛中运动员手里灵活自如的大刀，我们都能看到现实生活中的“刀光剑影”。

（崔黎黎）

NO.13 青出于蓝与古代的染蓝技术

蓝印花布

“青出于蓝”本自战国时期著名思想家荀子《劝学》篇：“青，取之于蓝而青于蓝；冰，水为之而寒于水。”意思是说，青色（即靛蓝）是从蓝草中提炼而成的，但是颜色比蓝草的汁液色更深；冰是水凝结成的，但是比水要冷。这几句话是荀子用来设喻、劝人好学上进的。“青出于蓝”，又作“青出于蓝而胜于蓝”，今常用来比喻学生胜过老师，或后人胜过前人。

成语“青出于蓝”其实是由古代的印染技术演变而来的。

使用天然的植物染料给纺织品上色的方法，称为“草木染”。新石器时代的人们在应用矿物颜料的同时，也开始使用天然的植物染料。人们发现，漫山遍野花果的根、茎、叶、皮都可以用温水浸渍来提取染液。经过反复实践，我国古代人民终于掌握了一套使用这种染料染色的技术。到了周代，植物染料在品种及数量上都达到了一定的规模，并设置了专门管理植物染料的官员负责收集染草，以供浸染衣物之用。秦汉时，染色已基本采用植物染料，形成独特的风格。东汉《说文解字》中有39种色彩名称，明代《天工开物》《天水冰山录》则记载有57种色彩名称，到了清代的《雪宧绣谱》已出现各类色彩名称共计704种。

我国古代使用的主要植物染料有：红色类的茜草、红花、苏枋；黄色类的荩草、栀子、姜金和槐米；自然界中的蓝色类植物较多，如蓼蓝、马蓝、菘蓝等；黑色类的皂斗和乌桕等等，它们经由媒染、拼色

蓝草榨取染料

印染工艺一

印染工艺二

和套染等技术，可变化出无穷的色彩。

蓼蓝是含靛蓝植物中重要的一种。据古书《夏小正》记载，我国在夏代已种植蓼蓝，并已知道它的生长习性，“五月，启灌蓼蓝”。就是说，在夏历五月蓼蓝发棵时，要趁时节分棵栽种。在《诗经·小雅·采绿》中记载有采集蓝的活动：“终朝采蓝，不盈一襜。”诗中说的“蓝”，学者认为也是蓼蓝。

蓼蓝，一年生草本。二三月间下种培苗，六七月间蓼蓝成熟，叶碾碎后黄色液汁变青，即可采集。采后随发新叶，隔三个月（九、十月间）又可收割。蓼蓝叶中含蓝甙，从中可提取靛蓝素。蓼蓝叶浸入水中发酵，蓝甙水解溶出，再经空气氧化，就结合成靛蓝。据学者研究，古代用蓝草染色，最初是揉染，即把蓝草叶和织物揉在一起，揉碎蓝草叶，液汁就浸透织物；或者把织物浸入蓝草叶发酵后的溶液里，然后晾在空气中，织物也能上色，这是鲜蓝草叶发酵染色法。

染色技术的渊源要远溯至人类远古时期。在类人猿时期，人类逐渐演变成人的阶段，感到严冬要抵御严寒，盛夏要遮阴避暑，逐渐地学会除了利用兽皮树叶之外，又采用天然的织物纤维，用结、编、织等方法，于是有了布的雏形。同时可以想象到，染色术亦是同一时代的产物。但这只是凭臆测而已，因为纺织与染色是密不可分的。

印染颜料

传说我国在三皇五帝时代即有了服制，古代的“玄衣、黄裳”已证明了在当时已有初具规模的染色术，由此可知我国的染色术的起源至少在公元前3 000年前。先人们为人类做出的许多贡献在美化服饰方面显得尤为突出。在染色的基础上，给以加工技巧的改良以及巧夺天工的方式，变化出各种染色加工门类，有绞染、蜡染、型染、糊染、绘染、绢印等等。随着丝、麻纺织业的发展，种种纺织品的染色技术也发展起来，从考古发掘和甲骨文及其他古代文献中得知，在商代养蚕纺丝已相当发达，因此染丝技术也相应发展。在周代，染色已经明确分为煮、渍、暴、染几个步骤，"以五采彰施于五色"（《尚书·皋陶谟》），用青、黄、赤、白、黑五色染丝帛制衣，以区分身份等级，而且有"染人""掌染丝帛"。

春秋时代，染蓝作坊因社会需求增加，蓝草种植普遍。用鲜蓝草叶浸染的方法暴露出问题，常常由于没有及时利用染液，使得一池池的染液发酵、氧化，变成泥状的蓝色沉淀物而遭废弃。染匠们在不断的实践中发现，用石灰水处理一下，可将沉淀了的蓝泥还原出染色。

古代印染过的织物一

古代印染过的织物二

蓼蓝

由此，染蓝就无须抢季节赶时间进行作业了。蓝草收割后，先制成泥状的蓝淀储存，待要染色时再行处理，这样，一年四季随时都能染色。这一重要的改进，促进了不同品种蓝草的种植。战国时代，染蓝作坊颇为兴盛。

东汉时期，马蓝成为我国北方地区重要的经济作物，如在陈留（今河南开封）一带有专门的产蓝区。文学家赵岐路过此地，看见山冈上到处种着马蓝，有感而发，写下一篇《蓝赋》，作序说："余就医偃师，道经陈留，此境人皆以种蓝染绀为业。"

有关靛蓝的制作工艺，北魏农学家贾思勰在《齐民要术》中有详细记载，先是"刈蓝倒竖于坑中，下水"，然后用木、石压住，使蓝草全部浸在水里，浸的时间是"热时一宿，冷时两宿"。将浸液过滤，按1.5%的比例加石灰水用木棍急速搅动，等沉淀以后"澄清泻去水"，"候如强粥"，则"蓝靛成矣"。用于染色时，只需在靛泥中加入石灰水，配成染液并使发酵，把靛蓝还原成靛白。靛白能溶解于碱性溶液中，从而使织物上色，经空气氧化，织物便可取得鲜明的蓝色。这种制靛蓝及染色工艺技术，已与现代合成靛蓝的染色机制几乎完全一致。北魏的贾思勰在《齐民要术》中详尽地记述了我国古代用蓝草制靛的方法。这是世界上最早的制造蓝靛的工艺操作记载。

明代，科学家宋应星对蓝草的种植、造靛和染色工艺，进一步作了全面阐述和总结，他在《天工开物》中说："凡蓝五种皆可为靛。茶蓝即菘蓝，插根活。蓼

板蓝根

红花

蓝、马蓝、吴蓝等皆撒子生。近又出蓼蓝小叶者，俗名苋蓝，种更佳。”在靛蓝染色方面，书中指出：“凡蓝入缸，必用稻灰水先和，每日手执竹棍搅动，不可记数。其最佳者为标缸。”从化学方面分析，在染液发酵过程中，补充适量碱液（稻灰水）是完全必要的。

由于靛蓝色泽浓艳，牢度又非常好，几千年来一直受到人们的喜爱，我国出土的历代织物和民间流传的色布、花布手工艺品上，都可以看到靛蓝朴素优雅的丰采。如今在一些地方仍保留了传统的染蓝工艺。

中国古代提取蓝靛的技术在中世纪经中亚传入欧洲，直到人造染料合成以前，始终是欧洲染色与印花的主要染料之一，在亚洲除中国外，印度用植物染料染色的技术也有悠久的历史，印度染料一度经波斯人及阿拉伯人从海路贩运到欧洲。

在埃及、巴比伦、波斯等古国，除了会酿酒以外，染色技术也从很早就开始了。古代这些国家在通过陆路与海路同东方各国开展了频繁的贸易活动，从东方输入了一些香料、丝绢、染料和象牙等商品，促进了各国之间的物质文化交流。

蓝草叶正面

白居易的诗“染作红蓝红于花”，说的是植物染蓝中的染红。

红花（又名红蓝草）可直接在纤维上染色，故在红色染料中占有极为重要的地位。

红色曾是隋唐时期的流行色，有诗曰“红花颜色掩千花，任是猩猩血未加”，形象地概况了红花非同凡响的艳丽效果。根据现代科学分析，红花中含有黄色和红色两种色素，其中黄色素溶于水和酸性溶液，无染色价值，而红色素易溶解于碱性水溶液，在中性或弱酸性溶液中可产生沉淀，形成鲜红的色淀。

古人采用了红花泡制红色染料的方法，其主要过程是：将带露水的红花摘回后，经“碓捣”成浆，加清水浸渍，用布袋绞去黄色素（即黄汁），这样一来，浓汁中剩下的大部分已为红色素了。之后，再用已发酸的酸粟或淘米水等酸汁冲洗，进一步除去残留的黄色素，即可得到鲜红的红色素。这种提取红花色素的方法，古人称之为“杀花法”。此方法在隋唐时期就已传到日本等国，如要长期使用红花，只需用青蒿（有抑菌作用）盖上一夜，捏成薄饼状，再阴干处理，制成“红花饼”存放即可，待使用时，只需用乌梅水煎出，再用碱水或稻草灰澄清几次，便可进行染色了。“红花饼”在宋元之后得到了普及推广。

蓝草叶背面

（崔黎黎）

NO.14 对症下药说中医

主讲人：王知、廖育群

“对症下药”源于《三国志》华佗治病的一段故事，现在被看成是医学上用药的一个基本原则，其中的“症”也可以写成“证”，它们的词义虽然相同，却体现了中医与西医本质的不同。

王知（同济大学教授）：“说起对症下药现在几乎是中医学或者是西医学一个基本的医疗原则，但是这个成语，实际上要是按现在来说，比喻的大概都是针对具体的问题，拿出一些切实可行的解决办法。”

廖育群：“这个成语肯定是源于医生治疗疾病，要对具体的病症，使用适应的药。宋代的书里面很多地方引用‘对症下药’这个词汇，连朱熹这样的著名学者也在自己的著作中引用这个成语，说‘克己复礼，便是捉得病根，对症下药’，用来比喻处理具体问题应该怎么来解决。”

《大观本草经史证类》

王知：“好像这个成语最早源于《三国志》里的《华佗传》。”

廖育群：“通常都会是这样认为的，因为华佗是著名医生，发明了麻沸散，用于外科手术，又为曹操治过病；《三国演义》的渲染非常有影响。据说华佗在治疗疾病的时候，有一次，有一个州官倪寻和另外一个人叫李延，两个人同时去找华佗看病，他二人的病状大致相同，都是发热，还有一些其他症状，但是华佗给他们开的药方却完全不一样，一个是发汗药，另一个是泻药。这样两个人就问华佗，我们两个人症状相同，为什么你给我们开的药方却完全不一样。华佗给他们解释说，你们虽然症状一样，但是病因不同，一个是外感风寒，一个是内伤饮食

本草图

神农“尝百草”图

不调，所以我给你们开的药方自然也就不同。这也就是抓住了一个症的本质。”

王知：“两个人的症状一样，开的药却不同，和‘对症下药’这个成语是不是有一点儿矛盾？”

廖育群：“有一个这样的写法，都可以叫作对症下药，一个是病字旁的‘症’，一个是言字旁的‘证’，这个病字旁的‘症’，通常认为是具体的疾病表现，比如说头痛，或者是肚子疼，或者发烧，这是一个疾病的症状。那么言字旁的‘证’，一般认为是从这些症状当中，归纳抽象出来的，一个疾病的本质属性，即‘证’。所以会有两个词。”

王知：“字典中的‘对证下药’和‘对症下药’，意思等同，但是中医一般讲，要么治表，要么治本，‘证’应当指的是治本。”

廖育群：“对。这样说起来，中医有几千年的历史，它的发展过程也是非常复杂的，最早的医生肯定是根据经验来治病。大概到了两汉

热熨法

古针1

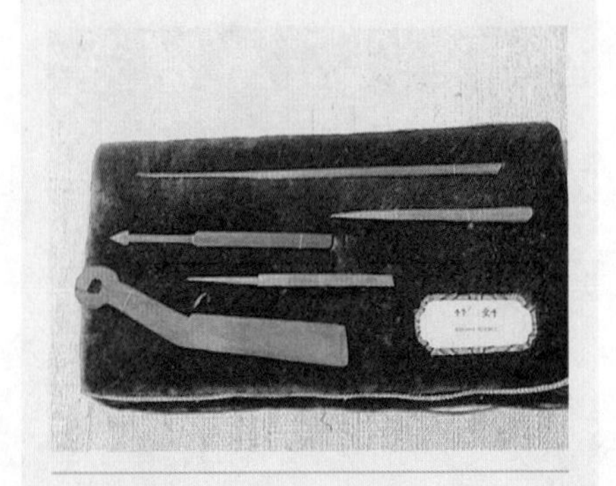
古针2

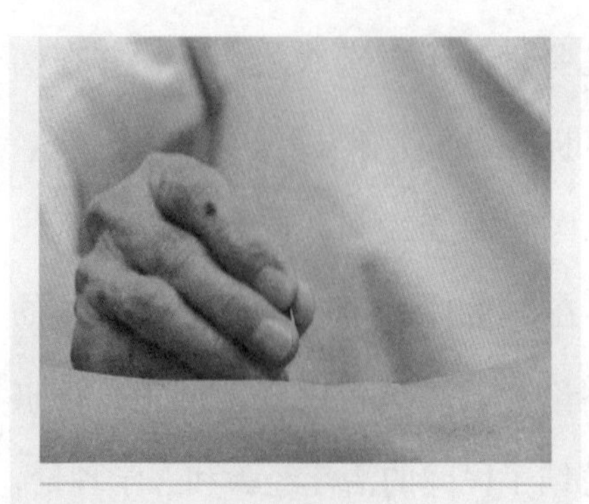
针灸

时期，中医有一个比较大的飞跃，许多经典著作都形成于这个时期，比如说《黄帝内经》《八十一难经》《伤寒杂病论》，以及总结药物学成就的《神农本草经》等等，这是一个理论奠基的时期，至今学习中医和使用中医的人还在读这些著作，根据其中的理论原则来治疗疾病。”

《黄帝内经》

我国的中医有着悠久的历史，早在远古时代，人们在寻找食物的过程中就发现，某些食物能减轻或消除一些病症，这就是发现并运用中药的起源。流传最广的便是原始农业的发明人神农氏“尝百草”的故事。

另外，在烤火取暖的基础上，人们又发现用兽皮、树皮，包上烧热的石块或沙土作局部取暖，可消除某些病痛，通过反复实践产生了热熨法和灸法；在使用石器作为生产工具的过程中，发现人体某一部位受到刺伤后反而能解除另一部位的病痛，从而逐渐发展为针刺疗法，进而形成了经络学说。所以说中医

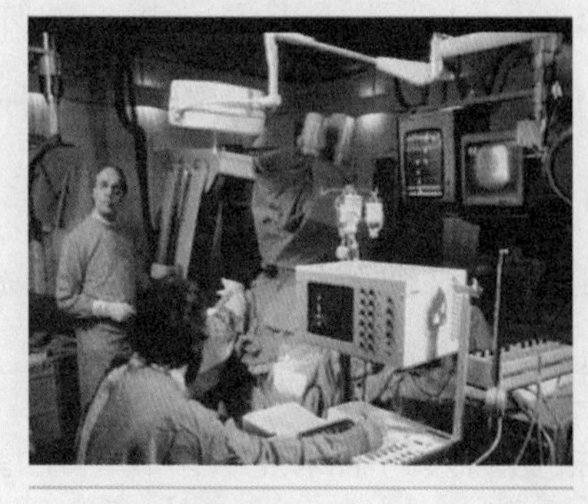
现代医疗设备

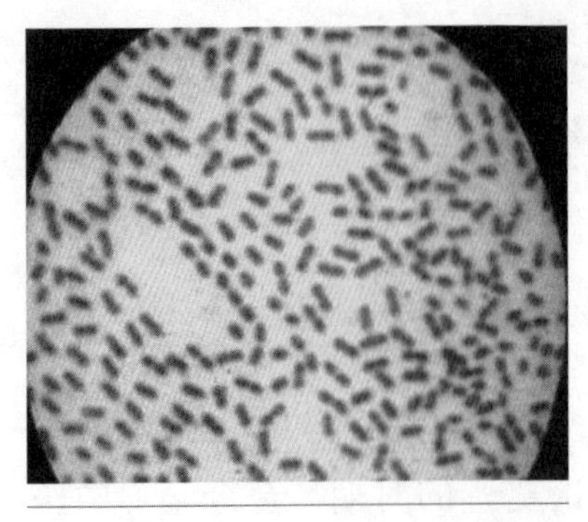
细菌

理论主要是源于对实践的总结，并在实践中不断得到充实和发展。

中医起源于民间，同时也发展于民间，早在2 000多年前，中国现存最早的中医理论专著《黄帝内经》问世。该书系统总结了民间的治疗经验和医学理论，结合当时的其他自然科学成就，运用朴素的唯物论和辩证法思想，对人体的解剖、生理、病理以及疾病的诊断、治疗与预防，做了比较全面的阐述，初步奠定了中医学的理论基础。

廖育群："说起中医的理论，其实最关键的一点就是在阴阳学说的运用上面。"

王知："当时阴阳学说在中国已经发展到一个哲学范畴，或者说一个社会范畴，中国人很喜欢说上下天地，什么阴阳方圆，完全是通过辩证的关系来看待这些问题，认为整个社会也好，做人也好，是靠着阴阳这样一个对立的矛盾体来支撑着。"

廖育群："《黄帝内经》里面最基本的思想，可以用一句话来概括，就是要维持人体的阴阳平衡。我们还说这两个'症'和'证'的区别，大概在明末清初，西方医学开始传入中国，过去对中国的医生来说，无所谓中医和西医，没有这个概念，医学就是医学，就是治病。有了另一种医学体系传入之后，人们就会思考，外国的医学和中国的医学有什么区别，各有什么短长，你讲解剖我不讲解剖，你讲细菌我也不讲细菌，最后中医归纳自己的医疗体系特征和西方医学体系的特征，就得出这样一个结论性的认识，认为西方医学主要是根据病人的临床症状，病字旁的'症'来治疗疾病，而中医是要从这些复杂多变的症状当中，归纳出一个抽象的疾病属性，比如说气虚、血虚、脾虚、肾虚等‘证’的概念。”

英国科学家——弗莱明

西医，起源并发展于看重医学技术分析的时代，也常被看成是现代医学的代名词。在西医理论中为了深入研究，常把事物分解成一个一个组成部分来加以认识。在显微镜问世以后，人们发现了细菌，从而找到了战胜麻风病、肺结核、瘟疫、霍乱等疾病的武器。可以说细菌的发现奠定了西方医学的基础，从此人们找出了一个又一个的病原菌。

弗莱明发现青霉素

另外，基于对抗菌素的研究，英国科学家弗莱明在他的实验室内发现了青霉素。1928年的一天，弗莱明在他的实验室里研究导致人体发热的葡萄球菌，由于盖子没有盖好，培养细菌用的琼脂上附了一层青霉素，使弗莱明感到惊讶的是，在青霉素的近旁，葡萄球菌不见了。这个偶然的发现深深吸引了他，经过多次试验，他证明青霉素可以在几小时内将葡萄球菌全部杀死。由此弗莱明发现了葡萄球菌的克星——青霉素。青霉素发现之后，由于需求量很大，实验室的产量远远不能满足要求，于是生产工作转移到了美国，利用那里已有的设备与工艺进行工业化生产。从此，也造就了各种西药大规模生产的前景。

廖育群：“在西方医学当中，虽然没有用‘对症下药’这个词，但是有‘对症治疗’的理念，它的‘对症治疗’，和中医里面讲的‘对症下药，辨证施治’概念正好完全相反。”

研制青霉素

王知："完全相反？"

廖育群："对。因为现在西方医学是根据病因来作为对疾病本质认识的，比如说，脚气病认为是维生素B_1缺乏，症状表现是小腿肚子很疼痛、痉挛站不起来，中医可能会叫作弊症。或者某个病人，比如说一个癌症病人，癌症可能治不好，但是他会有大便不通畅，小便不正常，饮食不正常，都需要对这些具体的问题给一个临时性的处理，这在西方医学中叫作'对症治疗'。"

王知："现在对于中医和西医来讲，不同的人有不同的看法。一般的人好像都愿意先去看一看西医，对于那些浑身都觉得不痛快，哪都疼或者是根本找不出病因、久治不愈的病，有时候就想找中医去试一试。"

廖育群："这是现实情况，在西方医学当中，通常把浑身哪儿都不舒服又找不出病因的情况叫作亚健康状态。"

王知："就是所谓亚健康。"

廖育群："亚健康状态，就没有太合适的药物去治疗，可能会有一些心理的因素，让病人加强运动，多休息。这些人到中医那里，就恰恰能找到'对证下药'的方法。医生会说是脏腑失调、气血运行不通畅等，可用一些适当的药物来治疗。这样一来，在中国

现代化生产青霉素

便构成了‘三驾马车’的趋势——中医、西医、中西医结合。”

王知：“对于中西医结合，有的人认为中医应该加上西医的理论，彻底融合在一起，但是，有的人认为这是根本不可行的，甚至说这样做把中医给毁了。”

廖育群：“这也是仁者见仁，智者见智。”

王知：“中医和西医不是一个简单做法就可以融合在一起的。”

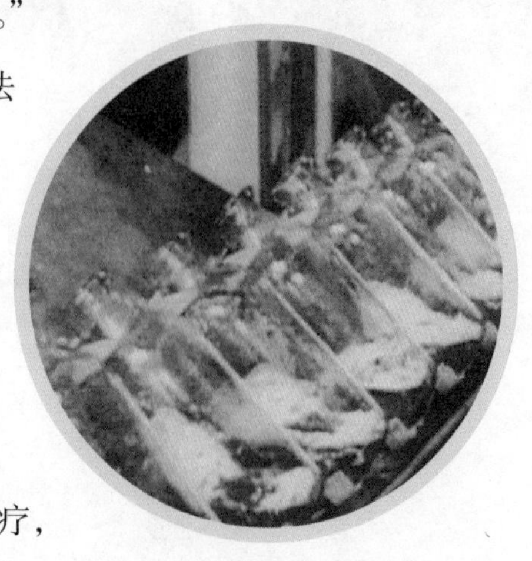

流水线上的青霉素

廖育群：“中医的对证下药，对一个抽象的疾病属性去进行诊断治疗的方法，在西方医学当中觉得很难接受，尽管在临床上处理某一个具体病人的时候，可以用中医和西医两种方法相加来治疗，但是在理论体系沟通上，仍旧存在着极大的矛盾。”

（秦雪竹）

NO.15 运筹帷幄说算筹

主讲人：王知、冯立升

“运筹帷幄”出自《史记》:“夫运筹帷幄之中，决胜千里之外”。后来引申为在后方决定作战策略。这里的“筹”，指“算筹”，是中国古代用于计算的工具。

今天我们说的“运筹帷幄”这个成语，实际是讲善于用兵，善于谋划。这一用法最早出现于汉朝，据记载说，有一天刘邦高兴了，大宴群臣时问大家，“为什么我老打胜仗，项羽老打败仗呢?”于是乎这帮臣子就大肆称赞了一番。其重点主要归结为两点，一是善于用人，二是赏罚

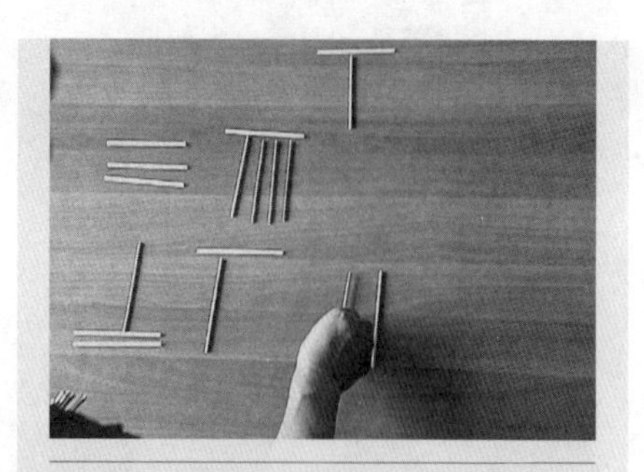

用算筹计算

"算"字

"筭"字

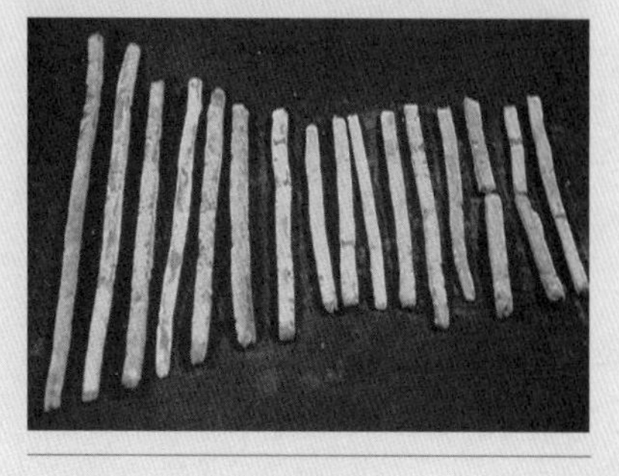

出土的铁筹

分明。刘邦当时还自己谦虚了一下，说“夫运筹帷幄之中，决胜千里之外，吾不如子房”，也就是说运筹帷幄，决胜千里的能力，我还不如张良。可见当时刘邦对张良的评价是非常高的。同时，“运筹帷幄”这个词也非常生动地概括了张良心机多、善用脑、善用兵这样的特点。“运”的意思就是运用的意思，而“帷幄”就是军中的帐幕，“筹”是筹划组织的意思。但是“筹”的本意是中国古代的一种计算工具，叫算筹。

中国古人擅长计算，而古代最常用的计算工具就是算筹。这一点从古书中两个同音的算字不难看出，一个是我们现在常用的“算”，表示计算；另一个“筭”，是由摆弄的弄，加竹字头组成，说明计算过程就是摆弄作为算筹的小竹棍。其实古代的算筹并不都是用竹子做的，也有用木头、金属、兽骨、象牙等材料制成的，它们是一根根同样长短和粗细的小棍。一般长为13厘米左右，径粗0.2厘米左右。随着时间的推移，算筹的长度逐渐变短，截面也从单一的圆形变成方形或三角形，后来则被至今仍在使用的算盘所取代。

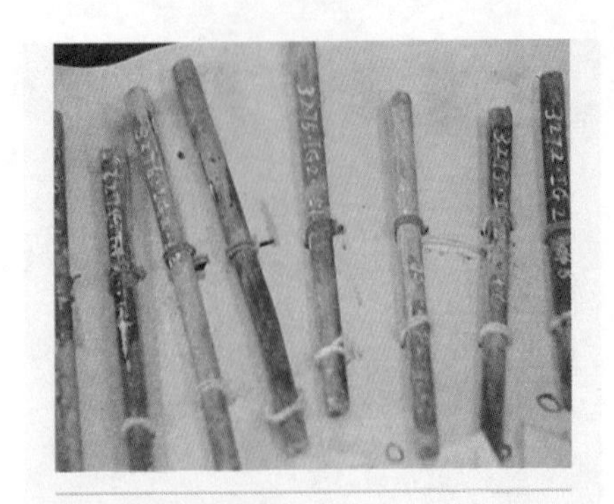
出土的骨筹

“筹”就是这么简单的一些小棍，甚至从树枝上随意折下一段，也可以充当算筹用。因为最早的计数工具，一般都是由自然界最容易得到的物品来充当的，那么树枝或者石子可以算是最容易得到的东西，早期世界上各个民族大都用石子或者树枝来做计数工具。比如中国古代，就从早期树枝发展成算筹。算筹实际就是一些竹棍或者木棍，而石子可以说是算盘、算珠的前身。但是别看这个“筹”非常简单，它的功能却非常强大。古人通过算筹摆放的不同，可以区别今天我们常见的9个数码。比如用一根竹棍表示1，如果是六，就将一根竹棍横过来放在上面表示5，另一根竹棍仍然在下面竖放表示1，这样加起来便是所要的数。这种表示法又分为纵式和横式，以便区别不同位数上的

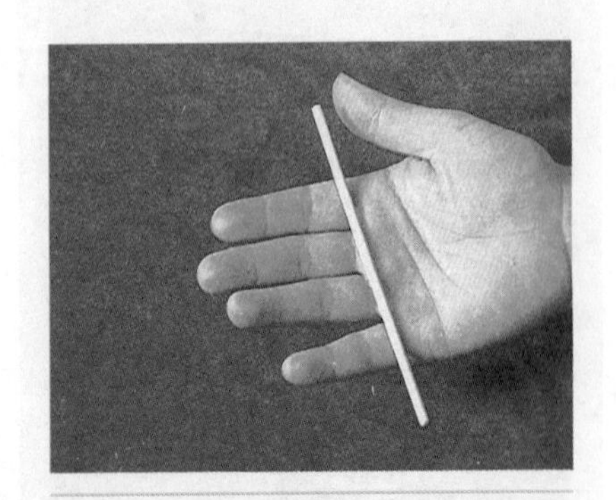
筹长13厘米

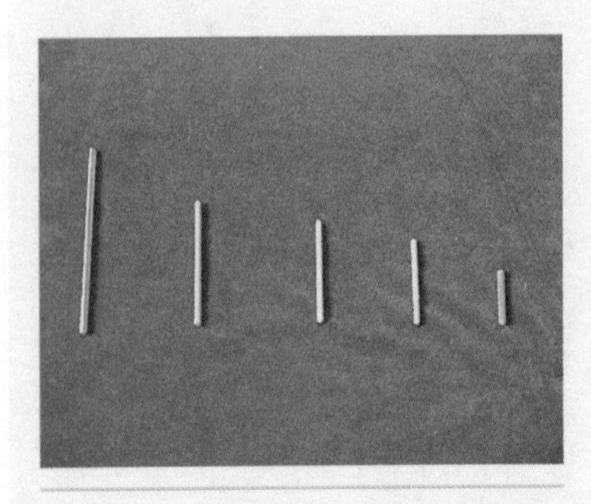
筹逐渐变短

数字。

《孙子算经》里有“凡算之法先识其位，一纵十横，百立千僵，千十相望，万百相当”。按着这个规则，个位用纵式，十位用横式，百位再用纵式，千位再用横式。从右到左，纵横相间，依此类推就可以表示出任意大的自然数了。

另外，人们以红黑来区别算筹，用红色代表正数，用黑色代表负数，这样可以很好地解决方程中遇到的负数问题。

现在知道这种筹算法的人已经比较少了。筹算非常流行的年代，应该是春秋战国时期；何时出现需再往前推，应该是在西周时期就出现了。根据现在的资料和出土的文物来看，最早出土的有战国时期的筹，比如甘肃省放马滩战国墓里和湖南的战国墓里都有出土。文献记载在春秋战国时期非常多，比如很多名人，像老子说过“善数不用筹策”，实际那个“筹策”就是指“筹”，说明那个时候已经非常流

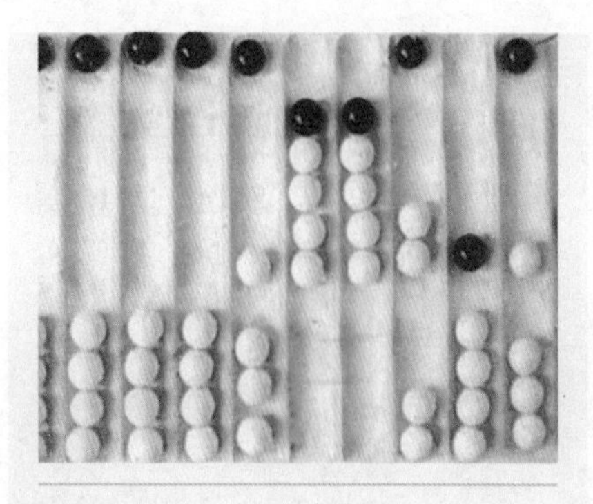

原始算珠

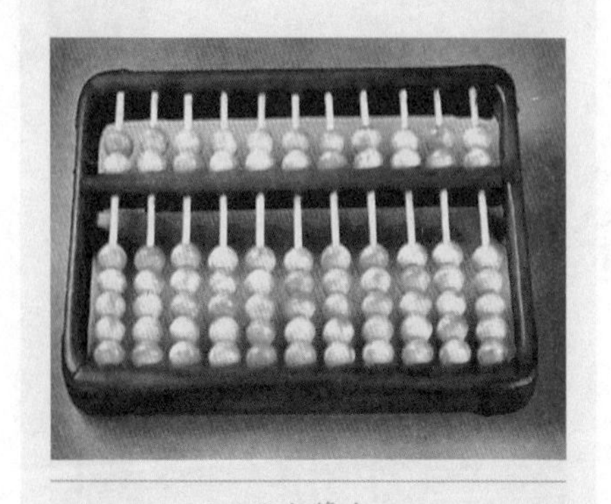

现代算盘

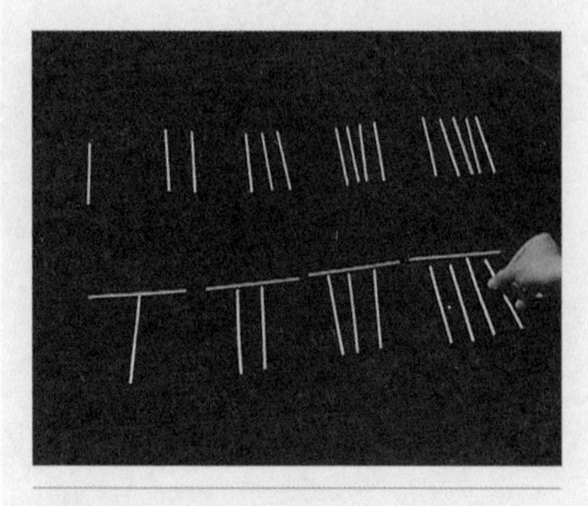

用筹摆出的9个数字

行。但是从明代开始，出现了另一种工具——算盘，它的计算效率更高、更简便，把“筹”取代了。现在一般我们一提起“筹”来，已经不知道是什么样的一种东西了。因为在清初的时候，我们的“筹”就已经失传了，中国的数学家没见过“筹”，而这个“筹”实际上很早就传到日本，传到朝鲜，朝鲜半岛上和整个日本都和我们一样用“筹”计算。只是朝鲜半岛和日本延用下来的时间更长。在我们清初“筹”已失传的时候，在朝鲜半岛和日本仍在普遍使用。在清初的时候曾有过这样一个故事：当时康熙组织了一次全国性的地图测绘工作，派出了两个清天监官员，他们是数学家和天文学家。他们来到了朝鲜，和朝鲜的数学家一起讨论数学问题。那时候我们接受西方的数学，西洋的笔算我们掌握了，但是把老祖宗的方法忘了，丢掉了，已经不知道“筹”该怎么用了。当时两边的学者互相出题，中国学者出的题好多

纵式	𝍠	𝍡	𝍢	𝍣	𝍤	𝍥	𝍦	𝍧	𝍨
横式	𝍩	𝍪	𝍫	𝍬	𝍭	𝍮	𝍯	𝍰	𝍱
	1	2	3	4	5	6	7	8	9

筹的横式和纵式

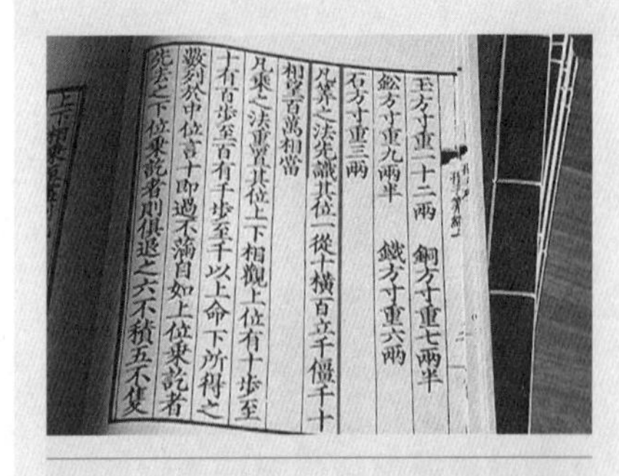

玉方寸重一十二兩　銅方寸重七兩半
鉛方寸重九兩半　鐵方寸重六兩
石方寸重三兩
凡算之法先識其位一從十橫百立千僵千十
相望萬百相當
凡乘之法重置其位上下相觀上位有十步至
十有百步至百有千步至千以上命下所得之
數列於中位言十即過不滿自如上位乘訖者
先去之下位乘訖者則俱退之六不積五不隻

《孙子算经》中的记载

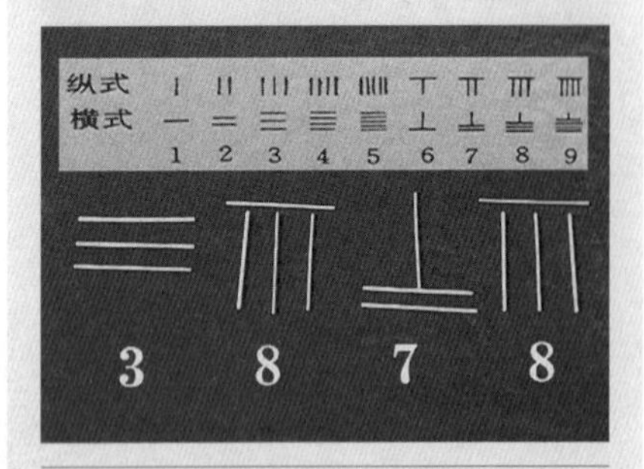

“3878”的摆法

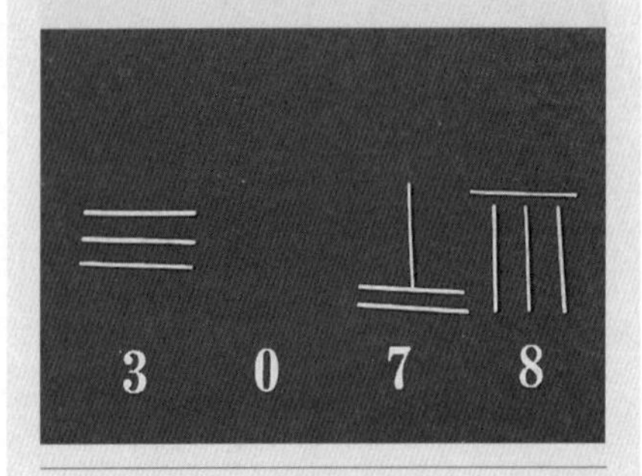

“3078”的摆法

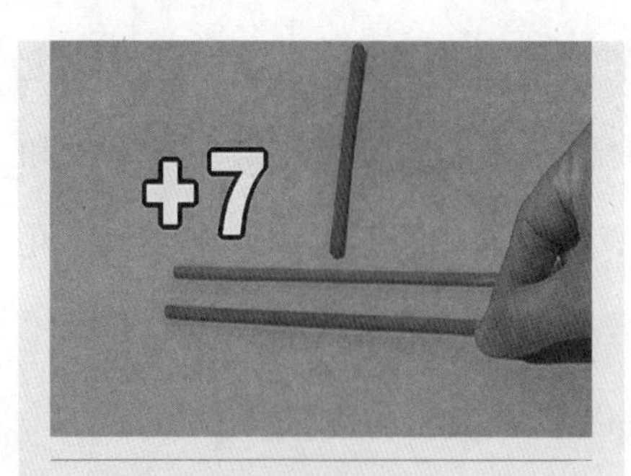

"+7"的摆法

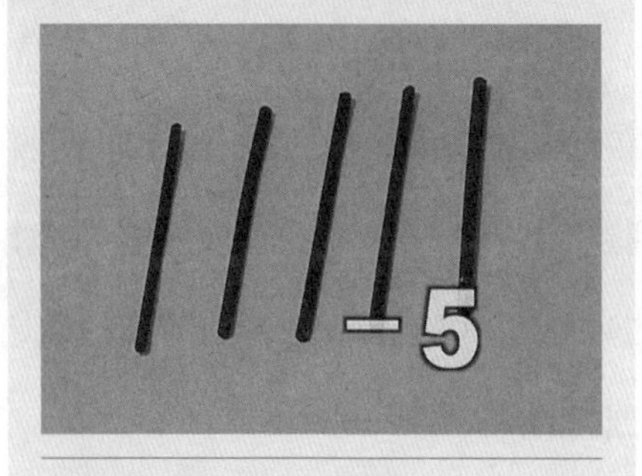

"–5"的摆法

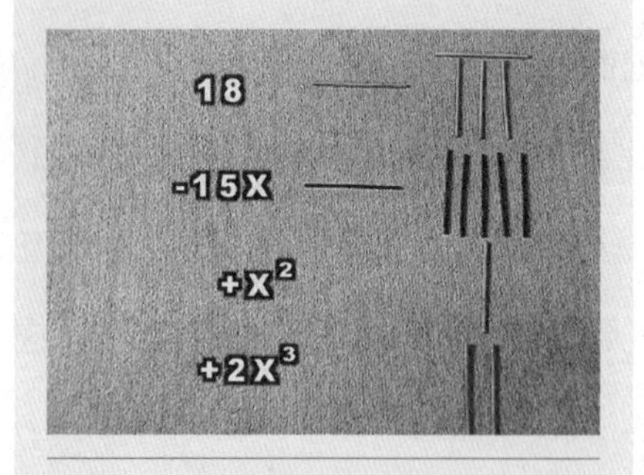

方程式的摆法

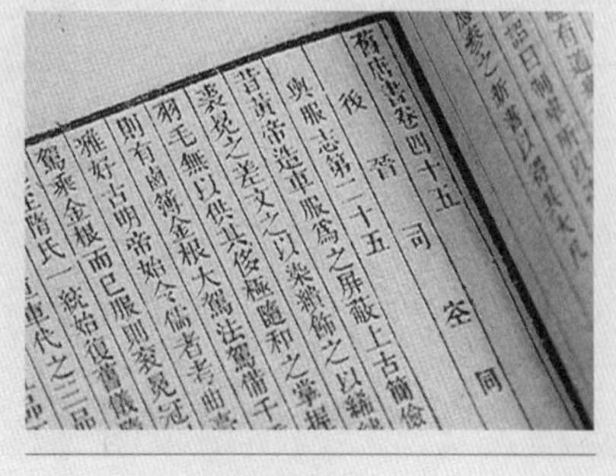

《旧唐书》

是西方的算法，朝鲜学者就马上拿"筹"来算。比如解一个联立方程，方程的正负数是最难的，需要涉及负数又要解联立方程。朝鲜算家叫洪正夏，他和另一位姓刘的学者，用"筹"很快就摆出结果，速度比笔算要快得多，这使中国学者很惊讶。而朝鲜学者出的问题，中国学者用方程解，用笔算很慢，他们要求给一段时间，才能把这个问题解出来。由此看来"筹"的功能确实比较强大。最后在临走的时候，当时的中国官员叫何国柱，他说："你们拿的这个东西，算得这么快，这是什么东西？"朝鲜学者说："这是一种计算工具叫'筹'。"何国柱说："我们现在没这个东西，你们愿意不愿意让我拿回去，给大家介绍介绍。"于是，朝鲜学者把40根筹给了何国柱，何国柱把这个带回中国。而实际上，筹是咱们中国发明的。

在出土文物中，发现的好多筹，大部分是挂在墓主人的腰间的。在《旧唐书》里还有这样的记载："一品

後除二社外不得
爲光皇帝太祖武皇帝爲高
爲文德聖皇后皇帝稱天皇皇后
帶四品深緋五品淺緋並金帶六品
一品已下文官並帶手巾算袋刀子礪
復長孫無忌官爵仍以其曾孫翼襲封
山之曲武原戊辰至東都十二月將
恐見十二條請王公百寮皆習老子
手闐爲毘沙都督府以

《旧唐书》中的记载

以下文官并带手巾算袋。”意思是说：上朝的时候，每人的腰里要带一条手巾和一个算袋。这相当于咱们现在人到哪儿去，要带笔记本电脑一样。

可以想象当时的古人将算筹放在一个布袋里，系在腰间随身携带。需要计数和计算时，就把它们取出来放在桌上、炕上，或者在地上摆弄计算。另外，在唐朝段成式所著的《酉阳杂俎》中我们又看到这样一个故事：说秦始皇东游时将算袋掉到了海里，结果变成了现在的乌贼鱼。这不仅描绘出当时算袋的模样，也说明算袋很早就是人们不可或缺的物件。

实际的筹本来都是一根根小小的竹棍或者小小的木棍，但是它的功能是非常强大的，一是筹采用的是十进制的记数方法，另外一个是用位置制，不同的位置，本身有一个数，比如最多可以表示到9，比如在个位，上面一个代表5，下面四个代表4，这样组成9，进到十位是零，是空位，不摆数，空的空间要大一点，再进到百位是二，我们一看就知道这是几，这是2，于是这数就是209。

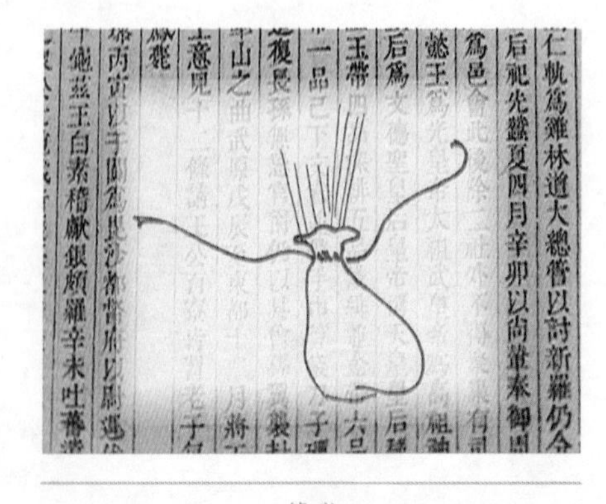
仁軌爲雞林道大總管以討新羅仍令
后祀先蠶夏四月辛卯以尚輦奉御
丙寅以于闐爲毘沙都督府以
兹王白素稽獻銀頗羅辛未吐蕃

算袋

任意一个自然数，都可以用筹表示出来，在这种基础上又可以计算，既是十进制又是位置制，而十进制、位置制和我们现在阿拉伯数码是完全一致的。十进制、位置制在整个现代文明里占有非常重要的地位，如果没有它们，现代的数学、科学的发展是不可想象的，它的重要性可以说不亚于我们常提到的四大发明，但由于它太简单了，而且又在现实生活里很平常、司空见惯，人们反而忽视了它的重要性。实际上在很早以前，古希腊最伟大的数学家阿基米德、阿波罗尼也没有关注到这样一个方法，由此看来十进制、位置制是非常伟大的。而且一直到现在，在现代文明里仍旧起着重要作用。比如我们现在计算机采用的二进位制，虽然不是十进位制，但它是位置制。不论二进制也好，十进制也好，十六进制也好，这个位置制更重要。

我们已经把筹从国内讲到世界，现在对一门科学有一个英文词叫 Operation Research，运筹学。当时翻译这个词的时候是有争议的，Operation Research，翻译成作用科学，还是作战研究，还是应用研究，想来想去最后就从运筹帷幄之中选了两个字，译成运筹学。由此可见，这个翻译在一定程度上反映了中华民族多少年运筹帷幄的智慧，它的原理在延续，它的词和字也一直沿用下来，而且有着很强的生命力。

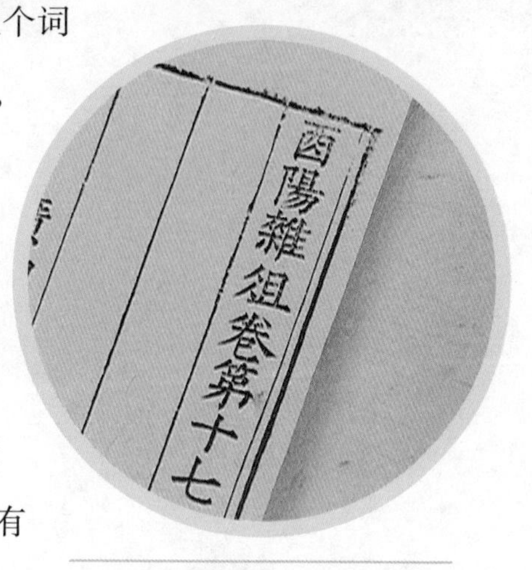

《酉阳杂俎》

（秦雪竹）

NO.16 土崩瓦解与古代砖瓦技术

把陶土制成圆筒形

“土崩瓦解”最早见于《史记·秦始皇本纪》:“秦之积衰，天下土崩瓦解。”在这句话中它表示彻底崩溃，和今天的词义基本一致。但从砖瓦的制作技术来看，“瓦解”这两个字其实说的是最早的制瓦技术，因为制瓦时是先把陶土制成圆筒形，再一分为二，就成了瓦，这就叫瓦解，所以它会被引申为比喻事物的分裂。

王知（同济大学教授）:“土崩瓦解比喻彻底失败的意思，但是这里面还包含着制瓦技术。”

瓦及瓦当

周嘉华（中科院自然科学史研究所研究员）:“土崩瓦解有两层意思，一个土崩，一个瓦解。土崩就是盖房子的基础，地基崩毁了，房子也就倒塌了。瓦解也有两层意思，一个是制瓦技术，引申了瓦解的含义，制瓦需要事先做出一个筒状的模范，然后把它一分为二，就得到瓦，所以叫瓦解，这就是古代的制瓦技术。从含义来讲，瓦解就是揭瓦，瓦碎了，建筑也就破坏了。制瓦是从制陶引申出来的，过去城市建筑一个最大的问题就是引水和排水，排掉污水引进清水。南方还有用竹子，北方没有竹子，就只能靠水管，那时常用的水管就是陶水管。在西周、战国的遗址中曾发掘出不少陶水管。建造木结构的房子，搭好木架以后要装房顶，最初是用稻草或麦秸，在房顶铺得很厚，可是这种材料的房顶会渗水。为了防止房顶渗水，就先在高粱秆上抹一层泥，然后再往上铺稻草。这样一来，房顶的重量就很大了，下面的木结

两位专家在探讨

构很难承受，风大一点，或者雨大一点就能把房子毁了。人们后来发现，把瓦、陶制品用在房子上面，房顶变轻了也变好看了。”

王知：“除了陶管那种一分为二的瓦以外，还有各种不同的形状。”

周嘉华：“瓦大致可分为三类——板瓦、筒瓦、瓦当。板瓦，平的，覆盖在两个木架子上面，两个板瓦上面再铺个筒瓦；筒瓦能把两个平瓦中间的缝隙盖起来，这样就不会漏水了；筒瓦下面还有瓦当，瓦当可以漏水，还能把筒瓦挡住，不让它往下滑。这三种瓦组合搭配瓦顶就固定了。瓦当外形美观，跟木结构配合起来非常好看，中国很多古建筑都有非常漂亮的瓦当。”

王知：“有两个问题可以确定，一个是瓦属于陶器，另一个瓦当经过不断地精巧加工，已经相当于艺术品了，所以现在一般说起秦砖汉瓦和明清瓷器，又或者战国的青铜器，人们把它们都作为古董来收藏。”

周嘉华：“瓦当在现在已没有多

有瓦的屋顶

少实用价值，古代的瓦当留到现在都成了艺术品。”

人类在创造建筑物这个物质体的同时，也创造了它美的形式，瓦当就是兼实用与装饰为一体的建筑构件。

瓦当是房屋檐端的盖头瓦，古人称“当”为“底端”的意思，因为陶瓦一片压一片，从屋脊一直排列到檐端，而带头的瓦正处在众瓦之底，所以就有了瓦当一名。瓦当的下面是椽头，瓦当可以抵挡风吹、日晒、雨淋，保护椽头免受侵蚀，延长建筑寿命。所以，瓦当的名称很可能是由其所处的位置和作用而得来的。

最早的瓦当出现在周朝，到秦汉时期已臻登峰造极，因此就有了一个固定的用语叫秦砖汉瓦。

在建筑史上，瓦和砖都是了不起的独创性发明。秦汉时期在瓦当以及砖上印制各种纹样，对于今天的人们来说，这些瓦当和画像砖不再是单纯的建筑构件，而是研究了解那个时代的珍贵文物。早在春秋战国时期，由于瓦的大量生产，作为装饰的瓦当就已经印制了大量的纹样，而且当时各诸侯国的瓦当图案从题材到风格也是各具特色的。

瓦当的种类较多。就质料区分，主要有灰陶瓦当、琉璃瓦当和金属瓦当。灰陶瓦当历史最悠久，也最普通，从西周到明清始终是瓦当中最主要的品种。大约唐代以后出现了琉璃瓦当。琉璃瓦当是在泥质瓦坯上施釉烧制而成的，颜色有青、绿、蓝、黄等多种，大都用于等级较高的建筑物。琉璃瓦兼有美丽色泽和良好的防水性能。唐代是琉璃技术的大发展时期，唐代

瓦当

古代瓦当

都城长安的大明宫内，不仅屋顶一律采用琉璃筒瓦和板瓦，还大量采用了琉璃砖，从此以后琉璃制品便成为宫廷和皇族建筑不可缺少的构件。

王知："所谓的铅釉瓦实际就是琉璃瓦，主要有黄色、红色、绿色、蓝色和黑色，大家感兴趣的是，琉璃瓦究竟属于陶器还是瓷器？"

周嘉华："严格来讲琉璃瓦属于陶器，但是又不完全是陶，因为使用琉璃瓦的往往都是档次比较高的建筑，比如贵族的建筑才用琉璃瓦。琉璃瓦采用的是比较好的原料，其中含高黏土和白黏土比较多，这样烧出来的瓦或砖就比较坚硬，所以比其他的陶器、瓦器档次要高一点。"

王知："在建筑上除了瓦，还常常要用到砖，所以就有一个大家耳熟能详的词叫秦砖汉瓦。"

周嘉华："秦砖汉瓦这个词已经说了几千年了，这是因为秦汉时期砖和瓦不仅用于皇宫的建筑，而且还开始推广普及到民间，一般有钱人家都可以用这种建筑材料来构建自己的房子，由于这一时期砖瓦质量比较高，所以人们印象中秦砖汉瓦就是上乘砖瓦的代名词了。最早人们发现黏土在高温下可制成陶，再可进一步制成瓦器和陶器，能够防水。最早多采用干打垒的墙，因为这种墙是土垒上去的，风吹雨淋容易被侵蚀，人们就想让它跟陶器一样不怕水浸，于是人们在干打垒两边全都铺上稻草树枝，再用火烧。"

王知："在窑里烧陶会被烧化，于是就在现场烧。"

周嘉华："但是这样烧的效果比较费燃料，而且烧的质量并不太好，

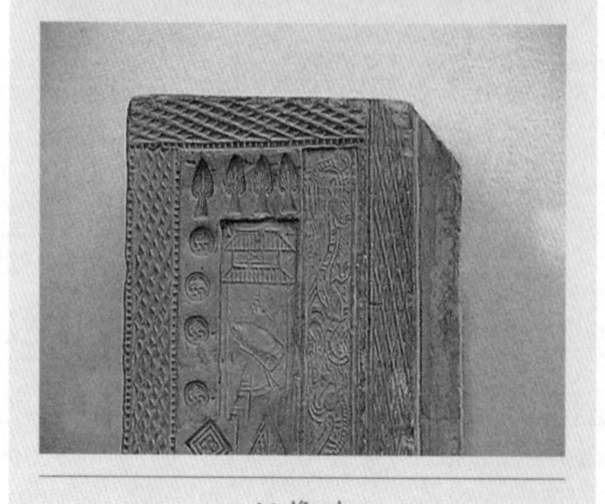

汉像砖

再后来便有人发现，整个墙烧还不如一块一块烧，再一块一块垒上，最早的砖就是这样出现的。砖有两种，一种是外形长方或正方的，比较薄的方砖；另一种是空心砖，外形很大，一尺长甚至更大。在功用上，两种砖也非常分明，方砖用来建筑，空心砖用来铺马路、台阶，后来还用在棺木上。这两种砖在建筑上使用非常广泛，特别是小方砖，跟瓦搭配起来，对中国建筑技术是很大的促进发展，所以中国的古代建筑在很多地区都是砖瓦木结构。”

王知：“这种土烧制的瓦或砖，在中国的建筑史上，在几千年的文明史上做出了巨大的贡献。”

周嘉华：“砖瓦技术除了对建筑产生巨大影响，促进建筑技术迅速发展之外，它还影响了一项重要的发明，那就是活字印刷。由于砖形体大，人们就在砖上画、刻、摹，用泥摹的办法，人们制造出汉像砖，这种砖在汉代非常流行，有的甚至放在棺墓里头。从摹印得到启发，人们又制作出了最早的印章，从泥封印章开始，逐渐演化，后来用木头雕版印刷，到了宋朝，人们发现雕版印刷雕起来很费事，就把它切割成小块，这就是后来的活字印刷术。”

泥封印章

王知：“虽说土崩瓦解这个词源于瓦和砖的制作技术，现在已经很少有人再把它和瓦的制作联系起来，它却在社会的各方面有着广泛的应用。”

（闫珊）

NO.17 众志成城与古代城墙

土城墙里夹有层层草木

“众志成城”这个成语取自民间谚语，最早出现于春秋战国时期的《国语·周语下》中。当时臣子劝谏周王，引用了民谚“众心成城，众口铄金”。古人对众心成城的解释是，众人用心一致的事，没有什么能使之败坏，其坚固如城墙。后来“众心成城”多写作“众志成城”，比喻大家团结一致，形成强大的力量，就能取得成功。“众志成城”中的“城”字，是“城墙”的意思，它之所以能引申为强大的力量，这和中国古代城墙的功能和建筑技术有着密切关系。

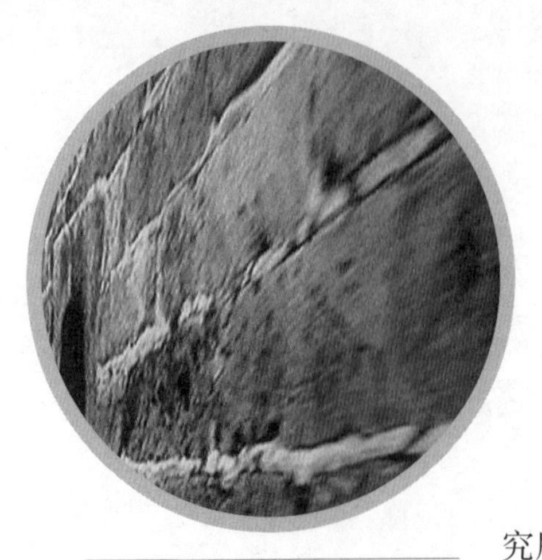
用三合土黏结城墙砖

王知（同济大学教授）:“众志成城这个成语大家都很熟悉，但是很少有人把众志成城和城墙的建筑联系在一起，这里城就是指城墙，但是中国古代是从什么时代开始修建城墙的呢？”

游占红（清华大学科技史暨古文献研究所副研究员）:“从文献记载来看，在原始社会末期就已经有城墙了。从考古来看，应该是在5 000年以前就已经开始构筑城墙。当时构筑的壕沟很简单，城墙也就是普通的土墙，也很简单，是今天城墙的雏形。”

王知 :“国外的城墙往往都是用石头垒制的，中国的城墙夹层中间是土夯实的，两边再用砖垒起来。”

游占红 :“中国的砖墙看似简单，其中却反映出我国古代先进的土木工程技术。构筑一道城墙至少要使用三种技术 : 一个是夯筑技术，就是把黄土一层一层夯实垒起来，黄土里插上木棍，用以增加纵向的拉力和横向的强度。第二个古代烧砖技术，南京古城墙使用的砖是用黏土烧制而成的，经过测试，每平方厘米的承受力高达100至150千克，比我们今天用的红砖还要结实，所以经过600年也没有出现风化现象，仍然那样坚固。第三个就是黏合剂技术，现在也叫三合土技术。三合土用糯米、石灰和黄土搅拌而成，既可以用作砖与砖之间的黏结剂，又可用作城墙顶部的砌筑，也就是今天的防水层，防止

西安古城墙

南京城墙

南京城墙砖

修城墙资料

雨水渗漏。因为古时候的墙是用黄土垒筑的，如果雨水渗漏的话，整个墙就有坍塌的危险。西安古城墙上就筑有45厘米厚的黏合剂，连钢镐都刨不动，非常坚硬，防止雨水渗透的功能非常强。

西安的那座古城墙修建于明代，至今已有600多年的历史。早在朱元璋即将统一全国的时候，一个叫朱升的隐士建议朱元璋高筑墙、广积粮、缓称王，高筑墙就是加强城墙修筑与防备之意。朱元璋采纳了朱升的意见，随即命令各州府县普遍修筑城墙，西安的城墙就是在这个时候修建的。今天我们看见的西安城墙是由城墙、城门、瓮城、马面、敌楼等机制所构成的复杂的防御体系。城墙的墙顶可以跑马车和操练。墙身是夯土堆垒，内外包砖，底部有巨大的基石，坚固难摧。

明代很多城墙是用大砖砌成的，比如南京城城墙，所用的城砖在尺寸等方面都有严格的规定，砖上有专门烧制上去的造砖工匠的姓名，

长城

如果城砖不合格，烧砖的匠人就要受到严厉的惩罚。

我国筑城的历史悠久，但早期的城墙主要是用土夯筑而成，虽然早在战国时期砖就已经出现，但直到唐代，因为军事防备需要，一些边防重镇才在土筑的城墙外部用砖包砌，称为砖包皮。这种技术后来被引用到京师及其他一些城池。南宋以后为防御火炮，墙身采用砖石包砌的逐渐增多，城门也改为砖石券洞。明代大量生产青砖，所以城墙大量包砖就是从明代开始的，北京城、南京城以及全国各地的砖城，基本上都是明代包砌的城砖，甚至明代修建的万里长城，大量墙体都是内外用砖包砌的。这样的举措在中国城池建筑史上是一个关键性的变化。

城墙的作用正如墨子所云：城者，所以自守也。到了万里长城的出现，围墙的作用已经扩大到御敌人于国门之外的范围，看来城墙的用途离不开“防守”两字。我国古代的城池是一级地方政权的治所，攻占它就标志着对这一片区域的控制。所以建设城池最重要的思想，就是在各处体现出军事战斗防卫性，具体就是围绕城邑建造的一整套防御构筑物，以闭合的城墙为主体，建造以闭合的城墙为主体的一整套防御构筑物，城墙上筑有马面、角楼、钟楼、鼓楼、敌台等复

古城池

杂的防御设施，形成一个组织完善、各种工程设施齐全的环形防御体系。

王知："一座坚固的城墙可以让人联想到金城汤池、铜墙铁壁、固若金汤等成语，就是说这个城墙像金属造的一样，前面的护城河像滚滚的沸水，使得城市坚固无比。"

城墙

游占红："在中国古代，首都的城防修得最为坚固。以北京城为例，明代北京城由紫禁城、皇城、内城和外城组成；城墙也就修得特别复杂，有角楼、马面、护城河，组成一个严密的环形的防御体系。北京城前门的前面，有一个箭楼，这是为了加强正阳门城门的防守而修筑的一个瓮城。"

翁城

王知："对于瓮城我是这样理解的，正阳门的前面是箭楼，在正阳门和箭楼之间两边都有城墙包围着，形成一个半圆形，一旦敌人从箭楼前面攻进来，就像瓮中捉鳖似的把敌人围到城墙里了。"

依靠城墙打仗资料

游占红："万一敌人攻破瓮城的小城门，攻进城来，守军居高临下，万箭齐发，那就是关门打狗、瓮中捉鳖，这是个很生动的描述。”

王知：“城墙的功能不仅是守，还可以反守为攻，攻守结合。正因如此，所以攻城就显得很难。《孙子兵法》里说，上策伐谋（上兵伐谋），其次伐交，其次伐兵，其次伐攻（其下攻城），或者叫下策伐攻。翻译过来就是，上策用政治的办法解决，次之用外交的办法解决，再次在平原地带和敌军一对一地打，最次就是攻城。”

游占红：“在冷兵器时代，城墙易守难攻，但任何事物都有两面性。明朝正统十四年，即公元1449年有个著名的战役叫京师保卫战，当时蒙古的瓦剌军在也先的率领下，越过长城防线，长驱直入，一路攻到了德胜门和西直门城下，城中的守军只有数万人，形势岌岌可危，连迁都的准备都做好了。可当时的兵部尚书于谦认为，京师乃天下根本，不能随便迁都。他主张依托北京城坚固的城防工事，打一场保卫战，结果证明他的策略是正确的。经过北京城军民团结，里应外合，积极出击，最终大败瓦剌军。瓦剌军一直逃亡到塞外，损失惨重。由此看出，城墙关系到一个国家的安危，一个朝廷的安危，有形的‘森严壁垒’，跟无形的‘众志成城’结合在一起，才能取得战役的胜利。”

王知：“这就是‘众志成城’的意思，在冷兵器时代，这个战役把这种易守难攻的情况也展现得淋漓尽致。”

游占红：“但是在火器、火药发明以后，尤其近代火炮出现以后，城门就不再是易守难攻了。在火炮的轰击下，那些夯土垒成的城墙极易土崩瓦解，在这种情况下，

两位专家在讨论

城墙的军事意义已经不大了。”

王知：“从城墙的社会意义来讲，它可以鼓舞人们团结一致，万众一心，保卫自己的国家。从这一点来看，这个成语有着它经久不衰的魅力。”

游占红：“中国古代城墙有悠久的历史，而今它虽然已经没有军事意义了，但是仍然有着丰富的文化内涵，正因如此，我们才有很多成语和典故都跟城墙有关，除了众志成城以外，还有城门失火、殃及池鱼，城下之盟，空城计等等，它们将被代代传承、使用。”

（闫珊）

NO. 18 胸无城府与古代城池、宅第建筑

模拟古时两人在室内谈话情景

“胸无城府”，比喻胸怀坦荡，毫无隐讳。最早用胸无城府比喻人没有心机的是宋代的《浮溪集》。与“胸无城府”相对的是“城府深密”。城府深密就是说有心机但深藏不露。“胸无城府”的“城”是指城池，“府”指官署，也可以泛指官衙、府邸等建筑物。古人为什么会用城池、府第等建筑物来形容人的心思？以我们今天的城市和住宅观念来看是难以理解的，但如果了解了古人对城池和府第的规划设计思想，就会发现其中巧妙的关联。

两位专家在讨论

古"城"字

古城墙的城门

王知（同济大学教授）："胸无城府从表面上看是一个褒义词，表示对人坦率、直诚，心里不设防。但是在某种地方也可以看出有一点贬义，好像说人没有心机，心里头没设防，嘴巴上没站岗的。而城府深密正好相反，是说一个人心里头层层都设着城墙，自己想什么深藏不露，这种人往往很可怕。"

方晓风（清华大学美术学院教授）："从这两个成语可以看出，城这个概念是带有很强防御性的。实际上古代的中外城市基本上都是有城墙的。城池的一大特征就是外面一圈城墙，所以就有一个词叫高墙深池，表示这座城市的防卫比较好。城总是跟墙联系在一起，因为以前防御主要是通过构筑物来进行防御。我们从《说文解字》里的'城'字来看，土字旁，表示一个像城垛一样的形象，并且是垒砌的。右边是一个兵器，通过这个字反映出当时城具有很强的防御特性，而城的防御性强实际上跟中国城市本身的特性也有关系。”

中国古代城池不单纯是人们聚居、交易的场所，它实际上始终是一个地区或者国家的政治、经济、军事和文化中心。正因为涵盖了各种功能，特别是政治功能，就意味着占有一座城池便拥有了它所在地区的控制权，所以防御始终是中国古代城池设计、建造的一个很重要的内容。用于防御的主要构筑物是城墙，所以大小城池外围多修筑了闭合的城墙，城内城外人员出入，只能通过几个城门，在特殊时期出入还会受到严格的盘查。因而当城池被形象地用于比喻人的心思时，胸无城府自然就容易理解为不给自己内心设置城墙，对他人不设防。

“城府”一词能够在语言中被广泛使用，还因为我国修筑城池历史悠久以及大小城池建筑设计思想的一致性。我国古代的传统城市，从都城到州、府、县城，基本是规规矩矩遵守礼制进行规划、建筑、管理的。礼的秩序整体反映在城市形

小城的门楼

城内

可以看出套城的古地图

北京套城示意图

制与建筑布局上，按方位尊卑定义功能分区，按照城市的等级规定其军事防御设施的等级。比如从宏观规划上看中国城池，有一个重要的特点，就是套城模式，即城市有几重城墙，但套城数量根据都城、州府、县城等级的不同而有所区别。都城可以有三四个套城，府城就只能有两个套城，再小一点的县城就只有一套城。各地各级城池基本上是规规矩矩遵守礼制而规划建筑的。

作为都城的北京城，从宫城、皇城、内城一直到外城，总共有四重城垣，最核心的一层是紫禁城，就是故宫内院。稍微放大的一层就是皇城，第三重就是内城，每四层是一圈外城，因为外城没有整体环绕内城，所以现在又叫南城。每道城垣内部什么人可以居住，门怎么走，都有严格的规定。

王知："我听说那个时候从王府井到西单是不能直着走的。"

方晓风："对。那相当于在皇城前走。那时候要绕道走的，往南绕到前门，往北要绕到地安门才允许过去。"

现在的北京城我们称之为明清北京城，因为基本上是明代建成，清代继承。在明代的时候，皇城基本上就是宫城的放大，皇城里的建筑都是为宫城所服务的一些机构，包括一些仓库，还有很多太监、宫女等的住宅，也包括一些皇亲国戚的住宅。普通的老百姓是不允许进皇城的，到了清朝这个规定适当放宽了，老百姓可以自由出入皇城，但是清朝又规定汉人不得居住在内城。

王知："还有这样的规定？"

方晓风："对。所以南城里有许多会馆，外地人到京城只能住在南城。"

王知："这样说来，还真是城府深密。"

方晓风："简直就是层层设防。在地方城市，也就是府城，比如宋代的平江府。"

王知："就是现在的苏州。"

方晓风："宋代平江府外围有一圈城墙，里面还有一个小的套城，叫子城，子城相当于内城，子城里面实际就是府衙。府衙的规模也很大，官僚的居住场所都在这里。如果是县级的城市，就没有这种套城模式了，只是简单的一圈城墙的模式。"

王知："咱们比较熟悉的平遥，也是城府深密，外围有很高的墙。"

平遥，一座处于中国山西省的古老县城，它那标志性的城墙和一些老街道、老房子，把人的记忆拉回到公元14世纪的明朝初期。当时中央集权要求重要的县城按照严格的等级标准和布局程式进行建造，平遥今天的面貌就是那时按照县级城池的规范重新修缮的。在此之前，平遥古老历史的见证是土筑城墙，那是周王朝在此驻军，用土修筑起

平遥

的一道防御线。明初土筑的古城墙被改造为砖石城墙，修建得壁垒森严，但它只有一个套城，即一圈城墙的模式，以及城墙的长宽高和所圈的面积，都沿袭了传统的县级城池的礼制规范。

古代城市与建筑的特征犹如京剧艺术的“程式化”表现手法，虽千变万化却一脉相承。礼制等级表现在城市的防卫等级，和在住宅中表现为私密性的等级是相对应的。城池有封闭的城垣，城内的官衙、民居等建筑群落也是内向封闭的。平遥典型的古民居是完整的一进院结构，这种传统的民居建筑，属于中国北方汉民族严谨的四合院形式，有明确的轴线，左右对称，主次分明，多为二进、三进的大宅，中间形成一个狭长的宅院。每个院落或以砖做的矮墙，或以木制的垂花门分割，四周外墙高达七八米，整个院落形成一个封闭感很强的空间，加强了房屋主人心理上的安全感。城池内各类建筑群，从衙署、祠堂、会馆到王府、百姓民居等等，可以说统统离不开四合院式的群体组合形式，这些建筑群落，都是由若干单座建筑和一些围廊、围墙之类环绕成一个个庭院而组成的，这就形成一院又一院、层层深入的空间组织。宋朝欧阳修有“庭院深深深几许”的字句，古人也以“侯门深似海”形容大官僚的居处。这种很少暴露出内部或单体建筑全部轮廓的建筑特色，用于形容人的心机或防卫心理，成语“城府深密”不但准确，而且对城池府第的建筑思想和特点也是高度的概括。

王知：“从这个角度看，四合院也像一座城池。整个城市是一个大框，里面还嵌套了很多小框，每一个小框也就是一个城，如果将四合院仔细再分，像大户人家还有几进院落，每一进院落就相当于一个小方格。”

方晓风：“中国住宅本身也是一圈墙围绕起来的，是内向的一种布局方式，就像一座小城一样。”

封闭的院落

王知："四合院也像一个小城。不管是城府深密还是胸无城府，要联系到建筑上有许多的道理。如果用来形容一个人的心思，那所包含的意思就更多了。"

（闫珊）

NO. 19 如胶似漆说漆艺

两专家

“如胶似漆”这个词最早出现在《诗经》中，意思是如同胶和漆黏结在一起而不可分离一样，比喻关系亲密、难舍难分。古人用这种物质作比，一定是当时已经开始使用胶和漆，而且一定对漆的特性有了深入的了解。事实正是这样，中国人是世界上最早开始使用天然漆，并用这种漆制作出了精美的漆器。用科学史家李约瑟的话说：“漆器可能是人类所知最古老的工业塑料。”

江晓原（上海交通大学科学史系教授）：“在我们今天的生活中，胶和漆仿佛是两个关联不大的东西，但是在古老的成语里却似乎是同类的东西。”

周剑石（清华大学美术学院教授）：“在材料学上，胶和漆同属自然材料，胶出自动物的皮，经过煎制、熬制产生胶，黏性的材料产生胶；漆却是从树上采割而来的，是漆树的生命分泌液。”

江晓原：“人们通常说的来自植物身上，漆从树上取得的，这跟我们现在用的涂料，比方说西方生产的装修房子用的涂料，人们在日常生活中有时候也把它称为漆。”

周剑石：“所谓油漆的概念只是一种涂料。古代的漆字，用象形的字表示出来，非常生动。漆是从漆树上采割而来的，所以漆字就像一棵树。漆树的分杈不像其他的树，它是在一个位置上，分出三杈、四杈，在漆字里这个特征也很明显。这个字非常明确地说明我们的漆完全是天然的，是从树上采割而来的。”

漆树原产于我国，生长于气温

周剑石写的古漆字

古“漆”字

漆农在采集生漆

较高、雨量丰富的暖湿地带。古代中国的中原地区由于气候温暖，非常适宜漆树的生长。在今天湖北、四川、陕西等地以及我国周边国家还生长着大片漆树。

割出V形口

我们祖先很早就发现了漆树自然分泌的树汁，干燥固化后能形成坚硬光亮的涂层，于是开始使用这种天然涂料，保护和装饰木器、陶器等许多器具，并且逐渐开始种植漆树。春秋战国时代，漆树已经大量栽培，著名的哲学家庄子曾为漆园吏，也就是掌管漆树园的小官，当时各国都有官营的漆园。

从割口处流出生漆

采割生漆是在漆树树皮上割出口子，从采割口流出的自然分泌物，就是天然漆，它又被称为生漆或大漆。生漆刚流出时为白色，因为容易氧化，所以表皮呈现出黑色。

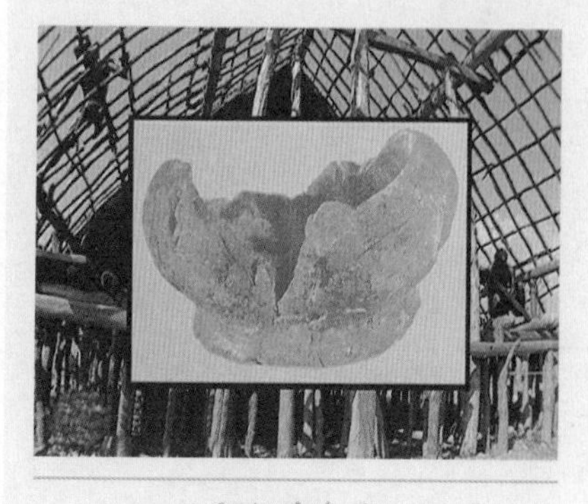

河姆渡漆碗

古人的早期生活用具中，木器占据了相当数量。为了保护木器，最简便的方法就是涂上一层漆，因此木胎漆器得到了很快的发展。在河姆渡新石器时代遗址中发掘出一件器壁外涂有朱红色涂料的木碗，这个涂料就是生漆，说明我国的先民在距今7 000多年的新石器时代，就使用生漆了。到汉代，华美轻巧的漆器在生活器具领域取代了青铜器的地位。再后来因为成熟的青瓷逐渐在日用品领域取代了漆器，漆器工艺则加速走向精美、独创等方向。

漆器

江晓原："生漆本身是没有颜色的，可是在古代的漆器上有许多颜色，其中最主要的有红色和黑色两种，这就需要往里添加颜料。"

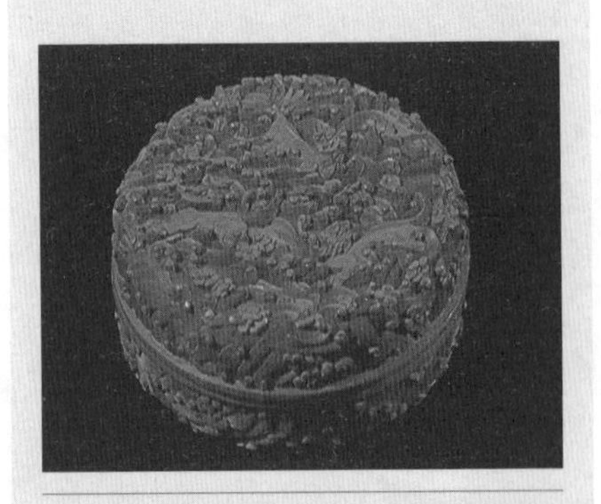

雕漆

周剑石："比如朱色就是一种含汞的银朱、朱砂。"

江晓原："今天的家具中生漆还在使用吗？"

周剑石："还在使用。比较高档、讲究的家具都使用天然的生漆。北京的分钟寺出售各种生漆，许多仿古家具店的商家到那里买生漆，用在仿制的古典家具上。用生漆不断地擦，干了以后再擦一遍，它自然就产生一种像乌木的感觉。在古建

用漆将一些装饰物黏贴在器物上

筑当中的雕梁画栋，古人一直沿用着大漆，大漆本身可防虫蛀、防腐、防潮。西安生漆研究所在20世纪70年代就做过这样的研究，把多种涂料涂在玻璃板上，放在酸性很强或者腐蚀性很强的液体当中，其他涂料很快溶化掉了，只有涂有生漆的这块涂料样板保持原样。"

江晓原："这就是说生漆比现在其他化学涂料都要优越，是吗？"

周剑石："完全可以这样讲。有人说，生漆是涂料之王，它所具有防腐防潮的能力，是其他任何涂料不能代替的。"

由于使用生漆历史悠久和普遍，所以我们的祖先对生漆的各种性能，有了更深入的了解和创造性的利用。

人们发现生漆不仅具有涂饰的保护作用，而且还有较强的黏合能力，这个黏性特点和胶很相像，所以才会创造出如胶似漆这样的比喻。早在商代，人们就利用这一特性，将金银珠玉镶嵌在漆器上，到战国时期发展到把金属构件和漆器黏结在一起，使漆器更加坚固耐用。后来还把金银薄片镂刻成各种图案的花片，或者是把贝壳磨制成人物花鸟等图案，用胶漆粘贴于胎体表面，再上漆若干遍，然后打磨，使闪闪发光的金银贝壳等花纹在器物表面形成华美的装饰。

对生漆胶粘等性能创造性的利用，还突出表现在脱胎漆器的制作上。清华大学的周教授，正按照传统的工艺制作脱胎漆器。一般漆器的胎体是木胎、陶胎或金属胎，脱胎漆器没有这个胎体，它是先用泥土或石膏做出初坯，然后用麻布或丝织品贴在上面，将生漆和胶的混合物涂饰在上面，贴一层麻或丝，涂一层生漆，这样一层复一层直到模坯成型。待生漆干透后，再把外面麻制模型从贴着的泥或石膏坯上脱下。生漆的胶粘坚固等优越特性，使得这个麻制模型独立成型。接着进行涂漆磨光彩绘等，麻布和层层生漆就构成了中空的漆器。这种漆器胎体轻薄，使用方便，而且这种髹漆工艺，适宜制作各种造型复杂或巨大的漆器。

对生漆性能的认识还体现在漆器最后的干燥过程中。生漆的干燥过程不是想象中的简单的脱水，而是化学反应过程。春秋战国时期的漆工们就发现，漆膜的干燥速度以及漆膜的质量，与周围环境的温度和湿度有密切的关系。如果日晒或风干，漆膜容易干裂或起皱褶，而当漆中混入杂质后，就很难干燥。秦代的漆工发明了“荫室”，就是为漆器的干燥固化创造了一个有适宜的温度和湿度，又能防止灰尘污染的环境，从而提高了漆器的质量。

清华大学的学生在制作

周剑石和学生在做脱胎漆器

我国的漆器和髹漆技术很早就流传到国外，朝鲜、日本、越南等亚洲国家先后在中国的汉、唐、宋时期掌握了髹漆技术，并生产出各有特色的漆器，使漆器生产成为亚洲各国一门独特的手工艺行业。

江晓原：“有一个跟‘漆’字联系紧密的字，就是‘髹’。在我们日常生活中，漆经常被当作动词使用，

脱胎漆器

比如把桌子漆一下，意思就是往桌子上涂漆。据史书记载，吴三桂仓促间即帝位，找不到宫殿，随便找一个大宅子，‘瓦不及换黄以漆髹之’，显然这个时候‘髹’是一个动词。”

周剑石：“现在的‘髹’字，上边是‘髟’（注：读音为标，是偏旁部首，髹的上部），下边是休息的‘休’。古代这个字更为形象生动，上面这个‘髟’（注：读音为标）字代表人的头发，下面是天然漆树的象形文字，上面是漆刷，下面是漆，非常生动形象地说明了‘髹’这个动词的状态。”

古“髹”字

江晓原：“用人的头发做的这种漆刷子，现在还有这种东西吗？”

周剑石：“现在基本上见不到这样的刷子了。在福建还有一些老艺人会这种技术。作为一种文化，我们的漆艺文化、文脉还在传承，作为中国文化的一种符号，它是非常有意义的。”

（闫珊）

NO.20 见风使舵与古代航海技术

有船帆的船

“见风使舵”这个成语，最早出现在宋代《五灯会元》书中，说“看风使舵，正是随波逐浪”。原意是说看风向转动舵柄，现在比喻做事无原则，善于随机应变。如果从造船和航海技术来看，见风使舵不但提到船舶重要的部件——船舵，同时还能推测出其中高超的驶帆操舵技术。

江晓原（上海交通大学教授）：“人们通常都把成语见风使舵当作贬义词用，形容一个人立场不坚定。但是从技术上来讲，见风要使舵说明船上已经有了帆，因为帆是要靠风运作的，当风向改变的时候，整个

远帆点点

帆船

后有竹竿撑着的硬帆

船的方向就要改换。为了更好地利用风力，就得使用舵，所以见风使舵所包含的科技含量还是挺高的。”

戴吾三（清华大学教授）：“类似的成语还有八面来风、一帆风顺。一帆风顺也包含有古代的航海技术，比如什么时候开始用帆，帆怎么操作等。事实上最初的船上是没有帆的，后来就有了一只帆。那种船叫独木舟，就是把一个粗的树干刨空，人坐在里面划，有点像奥运会单人皮划艇。”

江晓原：“独木舟只能坐一个人，左右划。”

戴吾三：“后来船体逐渐变大，需要的桨手也越来越多，为了节省人力，人们就想到要做一个帆，利用帆借助风力航行就容易多了。”

江晓原：“现在作礼品用的那种小帆船，以及我们在油画、电影里看到西方的帆船，用的都是柔软的材料，所以帆鼓起来看着很壮观。”

戴吾三：“但是中国古代的帆不

是这样的，中国的帆叫作硬帆。”

世界上最早的风帆不是出现在中国，早在3 000年前埃及就出现了方帆船，世界其他航海国家也有自己的船帆和高超的驶帆技术，但是中国人制作出了世界上独一无二的硬帆。所谓硬帆，就是帆面上每隔一段距离就有一根横梁，用竹子穿插其中。我国古代船帆的材料有布、绸，还有一种用竹、篾或芦苇叶编织的席子，但共同的特点都是使用竹条做骨架。这种帆的优点是能够根据风向调整角度，能最有效地利用风力。

中国有句吉祥语“八面来风”，这和中国硬帆有关，因为只有中国的硬帆能自如地运用“八面来风”。在航海中遇到正顺风的情况并不多，如果遇到侧风、横风与前侧风，中国的硬帆能够根据风向，调整帆的角度，充分利用可能利用的风力，同时利用船舵巧妙控制航向，克服横向漂流，让船只在水面上走“之”字形，最终使船按预定航向前进。

江晓原：“顺风的时候，风从后面吹过来，船往前走，这就很容易。”

戴吾三：“但是在侧风的时候，船就很难往前走了，可如果我们把帆调整一个角度，就可以借上风力，使船前行。风吹到帆上以后，可以分解，一个垂直于帆，产生分力，这种分力实际上可以有向前推动的力；另一个是使船继续横向移动的横向力。当船帆调整到合适的位置，就可以使往前推动的力大于横向漂移力，这样船还是往前走。”

江晓原：“最奇妙的是当遇到顶头风的时候，把帆尽可能地调到和船行方向一致，利用风帆可以让船走‘之’字形，继续保持前行。”

江晓原：“调整船行的方向，实际上等于让顶头风变成了某种侧风。”

戴吾三：“正是这样。当船走折线的时候，顶头风和帆之间形成一个角度，这样一来就在折线的航程上变成一个侧风，调整船帆的角度后，船就变得容易前进了。”

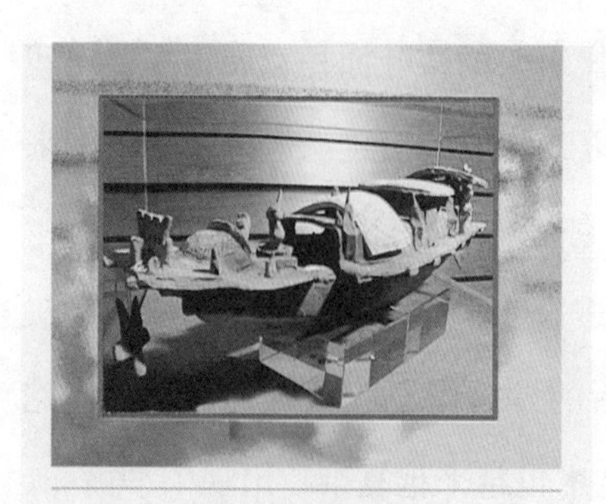

东汉陶船模型

郑和船队的舵杆

升降舵模型

江晓原："这个时候就特别要注意见风使舵，需要根据风向立刻用舵调整船的航向。"

戴吾三："也就是说舵和帆是密不可分的。"

所以要想用好八面来风，帆与舵必须密切配合，这又回到那个家喻户晓的成语"见风使舵"。舵是用来操纵和控制船舶航向的，一般位于船尾，又称船尾舵，它是中国在造船技术方面的重大发明之一。

从经验和出土文物中都能看出，舵是由桨演变而来的。桨可以在做推进工具时，兼顾控制航向。但当众多桨手划船时，既要推进又要控制航向就相当困难，于是就专设一名桨手控制航向。这名桨手位于船尾，因为船尾距船的转动中心较远，在改变船的航向上也就最省力、最快捷，同时又与推进桨手互不干扰。后来船体加大，桨叶面积也随之增加，就逐渐产生了舵。在广州出土的东汉陶船，距今已近两千年，在其尾部正中位置上已经有了舵，这

《清明上河图》中表现的平衡舵

个舵比操纵桨的桨叶面积宽展很多，还残留着以桨代舵的痕迹。但从世界范围来说，它是最早的舵。

戴吾三："舵由舵杆和舵叶所组成，在以后的发展中，舵变得越来越大，舵的制作技术也越来越复杂，出现了平衡舵、开孔舵、升降舵等。升降舵可以根据水的深度调节舵的位置，水浅的时候就把舵提起来，以避免损坏舵，水深的时候再把舵放下来，尤其适合中国的湖泊、河流的水域特点。"

江晓原："一些简单的船用摇橹来行驶，橹既有舵的作用，也有桨的功能。"

戴吾三："有很多渔船都用橹，摇橹的时候船前行，同时转向也是通过操作橹来实现的。"

江晓原："这种渔船不再设舵，橹本身就可以起作用。"

戴吾三："用橹的船船体不能太大，大型的船只还得有舵，所以通过看舵就能知道船应有多大。郑和下西洋所用的宝船，现在当然不存在了。20世纪60年代在南京郊区发掘出一个造船的遗址，据考证是制造郑和下西洋时所用的宝船的，遗址上出土了一根非常大的舵杆，有11.07米长，比三层楼还高。从这个舵杆就可以想象舵有多大，也就可以推算出这艘宝船有多大。"

开孔舵模型

江晓原："大型的舵杆一般要借助杠杆原理，平时一个人就可以操作，一旦遇到了狂风，需要急速转向的时候就得有两三个人同时操纵来移动舵杆。"

我国的海船体积很大，所以舵也相应较大。巨大的舵杆仅靠人工难以操作，所以我国古代的海船上，一般都有绞车、绳索等成套装备，以便操纵控制船舵。操作船舵只需让舵叶左右摆动角度，或上下升降。这种能升降的舵叫作升降舵，是舵的一种类别。当船进入浅水区域，舵就升上来，以免受损；当船行进中不需要改变方向时，舵升上来能减少阻力；当需要改变航向时，舵降到最低，这样舵叶摆动后，产生的舵效最高；同时还可以减轻船体的摇晃和随风漂泊。

另一种类型的舵叫平衡舵，从《清明上河图》可以看出平衡舵已经被普遍使用，而在当时，那是世界上最先进的舵型。平衡舵的特点是舵杆安插在舵叶的中间，舵杆前后

泉州海事博物馆中的古船模型

都有舵叶，转动起来会省力。如今世界上应用最多的正是平衡舵。

在平衡舵、升降舵外，中国的另一个发明是“开孔舵”，因为舵上有许多小孔而得名。一般情况下，小孔不影响舵控制航向的作用，但它却能使舵在水中转动起来更容易。直到1901年“开孔舵”才传到西方。在那以前，西方用煤作燃料的鱼雷艇虽然每小时可航行30海里，但在全速航行时却无法转动舵。“开孔舵”正好解决了这一难题。

舵的发明，在船舶发展史上是一件具有重大意义的事，它与风帆、指南针一起，组成了保证船舶安全航行的三大条件。

（闫珊）

NO.21 杯弓蛇影说中国弓

两专家

“杯弓蛇影”这个成语最早出现在汉代《风俗通义》中。书的作者应劭说，他的祖父请下属喝酒，对方猛见杯中有条小蛇，碍于情面不好声张，将酒喝下。但从此便胸腹疼痛，久治不愈。主人听说后，才发现那“蛇”却是墙上悬挂的弓弩的倒影。那人得知顿时释然，病态全无。后来，“杯弓蛇影”就用来比喻人们疑神疑鬼，自相惊扰。

但我们从科技史的角度再看这成语，却能发现其中隐藏着中国弓的技术秘密。

江晓原（上海交通大学教授）：“在杯弓蛇影的成语里，杯子里的蛇影是由于墙上挂了一张弓引起的。墙上会装饰一些兵器，这在古人是常见的，如果挂的不是一张弓，而是一把剑，会不会让他怀疑为蛇呢？”

戴吾三写“弓”的甲骨文

戴吾三（清华大学教授）：“这是根据传统工艺所制造的一种弓，这种弓的当中有道弯的形状。正因为是这个形状，它投射到酒杯里的影子就像条小蛇。”

江晓原：“酒晃动的情况下看起来就更像是一个活的东西。”

拉弓射箭场面

戴吾三：“弓字大家都很熟悉，它保留了早期甲骨文的写法。左边这个是弦紧绷在弓臂上的形状，右边这个字形是对应着松弦时的情况。”

江晓原：“表示弦没有上紧。”

戴吾三：“这就说明不管弦是张紧还是宽松，它都对应着弓当中这个弯。中国弓中间有个弯，以至于我们现在这个弓字保留下来这个弯，

早期使用的弓箭

这里还有个说法。”

江晓原：“至少在有甲骨文的时代，中国弓已经是有两个弯了。”

戴吾三：“可以这样认为，在这个字里保留了当时的技术信息。至于为什么这个字里一定要有道弯，还得从弓的制造说起。”

弓箭实际上是由弓和箭两部分组成，而弓又分为弓身和弓弦。弓弦被系在弓身的两端，当用力拉弦时，会迫使弓身改变形状，这实际上就是把射手拉弓时的能量储存了起来。把弦猛然松开，被拉弯的弓身迅速恢复原状，同时也把刚才储存的能量释放了出来，这个释放过程是极其迅速而猛烈的，于是把扣在弦上的利箭有力地弹射到远方。弓箭的发明是人类技术的一大进步，说明人们已经懂得利用以机械存储起来的能量。弓箭的发明和改进使得人们能够在较远的距离，准确而有效地杀伤猎物，而且使用、携带方便。

我们先民最早使用的弓，是把单片木材或竹材弯曲，再用动物筋、皮条或麻质的弦，拉住两端就成为一张弓。所以《易·系辞下》中有所谓“弦木为弧，剡木为矢”的记载，弧就是弓，就是说将木头弯曲为弓，削尖木棍或竹棍为箭。自然这种弓的形状大体上是个圆弧形。

戴吾三：“那时候的弓是弧形的，如果我们把这个字写下来可能就像一个半月形，商代的时候，人们做的弓已经是当中有个弯的这种弓了。还有一种简单的一道弧的弓，是一种材料做的，比如一根树枝或者一个竹条，这种弓从技术上来说，叫单体弓。可是这样做成的弓弹性不够大，射程短。”

江晓原：“所以就有了一个成语：强弩之末不能穿鲁缟。鲁国的缟是一种非常薄的丝织品，即使非常有力的弩箭射出去，到较远的射程时连这种丝织品都穿不过去，显然人们一直追求的是怎样把箭射得更远、更有力。”

杨福喜在弓箭铺工作

戴吾三：“从弓的实用来说，首要的就是射程远，其次就是命中目标以后，要射得深，这就要求做弓的时候要增加弓的弹力。最简单的办法就是把弓做大，可以拉得更开一些，但是如果弓过大，又超出了手臂的范围。”

江晓原：“弓体做大是有极限的，大到一定程度就不是单人能够操作的了。”

戴吾三：“为了实战的需要，携带方便，就需要弓体小，同时还要有足够的弹性。于是，人们开始在复合材料上动脑筋，选择不同的材料来组合搭配，集中多种材料的优点，这样制造出的弓弹性强，命中率高，并且弓体相对较小。这就是复合弓出现的一个技术因素。”

往弓体上固定牛角

江晓原：“现在的弓就是复合的。”

戴吾三：“按照传统工艺做的复合弓，工序很多。”

所谓复合弓，就是指弓体由几

种材料叠合或拼接而成的弓，它代表了古代制弓术的高峰。历史上可能有多种文化独立地发展出了复合弓。早在东周时期，中国人制作复合弓的技术就很成熟了。

北京杨文通家的弓箭铺非常有名。杨家祖辈几代都是在清朝为皇家做弓的工匠。杨家父子的制弓方法虽是祖辈相传，但与成书于春秋战国时期的手工业技术文献《考工记》中记载的弓箭制作方法，几乎没有区别。世界上对复合弓制作技术的详细记载，首见于《考工记》。

《考工记》上记载，制作一张好弓需要木干、牛角、胶、牛筋、丝和漆等多种材料。弓干上需要固定牛角，牛角是一种既坚固又有一定弹性的好材料，把它粘在弓干的内侧，一是加大了弓身的抗拉能力，同时也不影响弓身变形时的蓄能和复原时的能量释放。所以中国诗词中常出现“角弓”一词，唐代诗人王维写道：“风劲角弓鸣，将军猎渭城。”岑参在《白雪歌送武判官归京》诗中也写道：“将军角弓不得控，都护铁衣冷难着。”角弓成为强弓的代名词。

杨福喜（杨文通儿子）说：“制作弓的过程非常烦琐，先得在一块竹板外面勒上牛角，然后把牛角反着往回扳，铺上牛筋，等完全干透了，再反着往回扳，最后才把它上成弓形。”

制作两道弯曲形状的弓身，是中国弓的一个核心技术。用现代力学知识分析，拉弓的劲越大，弓壁弯曲得越厉害，当它承受过大的力时，弓的外壁就会出现裂纹甚至折断。为了让它承受较大的力，而外层不致裂开，古人将竹材

父子俩做弯曲弓体步骤

向相反方向预先弯一下，这就使弓承受的力增大，这样弓的样子就形成了。先向反方向弯一下，用现代的工程术语叫作“加预应力”。先弯一下会产生预应力，这种方法在古代最先应用于制弓。宋代著名学者沈括还对弓材受力和怎样增强弓材力量的方法做了论述。中国复合弓的典型形状，几乎全是双曲反弯形，它是复合弓的成熟形式。

春秋战国以来的两千多年中，不仅中国弓制作技术，包括整个亚洲的复合弓制作技术，与《考工记》中的记载，没有根本性变化。

符合力学原理的巧妙弯曲，加上复合弓壁，使得在近代火药武器诞生之前，中国的制弓术一直保持着世界的领先地位。

戴吾三：“据《考工记》记载，不同的人应该用不同的弓。比如矮胖的人、行动迟缓的人，《考工记》称这种人为‘安人’，用危弓，就是硬弓，强劲的弓。搭配的箭，安箭

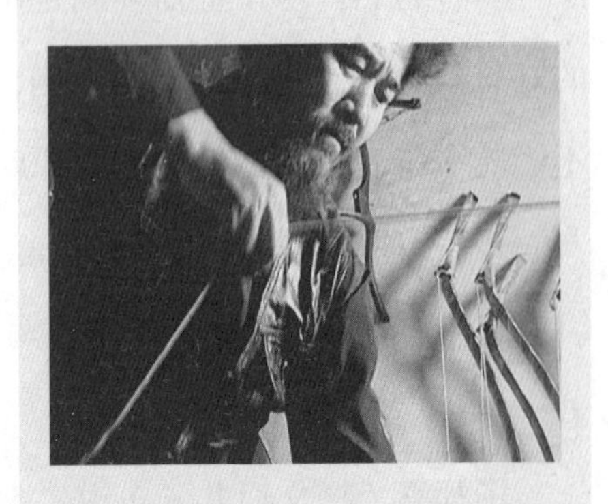

试拉自己做好的弓

就是比较柔软的箭，在这样一种组合当中，可以得到一个比较好的一个射击效果。作为极端的例子，如果是个危人，也就是性子急躁、刚烈的人，就应该用安弓，这种弓比较软，配合硬的箭，这样的搭配才能使射出去的箭不会来回飘。”

专家在现场利用一把弓来讨论

江晓原：“古人虽然不能解释这个原理，却懂得这种经验。”

戴吾三：“弓在古代是非常重要的兵器，在后来的科考中，特别是武举考试当中，那是必须要考的。”

江晓原：“现在弓已经退出实用舞台，但是在语言里还留有很多跟弓有关的成语，比如开弓没有回头箭、引而不发跃如也，一张一弛文武之道等等。张和弛都是有弓字旁的，都是以弓在做比喻。”

戴吾三：“张就是拉紧的弓。”

江晓原：“弛就是把弦松掉。”

戴吾三：“张和弛这两个字后来又转义用在很多其他场合，比如张弛有度，这表明会劳逸调节。人们常说的张力这个词，现在是一个科学名词，物理学名词，但是它和古代最早用的弓相关，类似弓弦上的力。”

（闫珊）

NO.22 涂脂抹粉与古代脂粉

京剧人物

“涂脂抹粉”这个成语最早见于宋代《青琐高议》一书中，原意是指女子化妆打扮。后来这个成语主要用了它的引申含义，比喻为遮掩丑恶的东西而粉饰。抛开这个成语的引申意义，单追溯其中提到的脂和粉，古代妇女使用的脂粉是什么？它们又是怎么来的呢？

王知（同济大学教授）:“涂脂抹粉，单单从字面上来解释的话，只是女孩子化妆的一部分，但是现在更多使用的是这个词的延伸意义，比喻在外部进行粉饰以掩盖事实的本来面目。在这个成语里，涉及两种古代的化妆品，一个是脂，一个是粉。最早的粉是把米磨细以后加上一点香料而制成的。”

古代制酒场面

周嘉华（中科院自然科学史研究所研究员）:“中国最早的粉有两种，一种是米粉，把米磨成粉，再加一点香料，但后来更多用的是铅粉。”

王知 :“就是金属铅做的粉。”

周嘉华 :“铅粉用化学名词讲叫碱式碳酸铅。这种粉粉质细、白，而且遮盖力特别强，抹上去效果特别好，所以用的人比较多。米粉再磨也不会太细，涂在脸上疙疙瘩瘩的，铅粉就不会，而铅粉最早的发明可能跟中国的酒有关系。”

王知 :“怎么说和酒有关系呢？”

周嘉华 :“早在春秋战国的时候，中国人已经开始在冶炼青铜的过程中发现了方铅石很容易炼出铅，当时不知道铅有毒，所以就用铅做成一些储存器，把酒放在铅壶或铅坛里，这样一来就发生了化学变化。铅跟酒，一般来讲这个作用不是主要的，但是因为中国的酒度数很低，铅与酒混合，温度超过30度，几天时间就变成了醋。”

古代酒坛

王知 :“就是由醇变成酸了。”

周嘉华 :“醋与铅起化学反应生成了醋酸铅，醋酸铅又跟空气中的二氧化碳进一步发生化学反应，就得到了碱式碳酸铅，也就是铅粉。人们把酒倒光，发现铅壁有一层很薄的铅粉，很白，抹脸上感觉很舒服，这就是铅粉的由来，从此铅粉便代替了米粉。”

王知："也就是说，金属铅泡在醋里，再和空气中的二氧化碳起作用，就变成了一种白粉。”

周嘉华："对。从春秋战国开始，一直到明清，中国的铅粉还惯用一种办法，就是在一个酒坛里放半坛酒，然后把铅片一片一片地吊在酒缸上面，上面密封，过一两个月以后，自然而然就得到铅粉了。这种方法生产的铅粉在民间一直流传。”

铅粉不仅是化妆品，还是人们常用的白色颜料，它也是先民最早发明和使用的人造颜料之一。除此之外，它还用作陶瓷的配釉和炼丹的药料。

铅粉作为涂白的化妆品遮盖效果最好，所以一直为人们所青睐。战国时期楚国有一个人叫宋玉，人称他是美男子，“著粉则太白，施

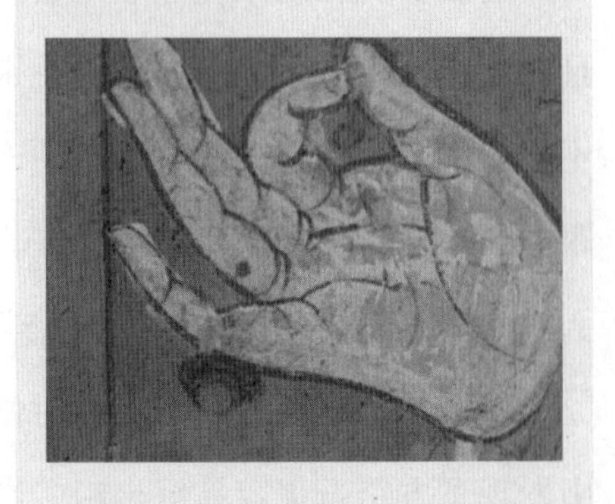

古代画中人物

朱则太赤。”就是说他很美，肤色白得正合适，再抹粉就太白了，这表明至迟在春秋战国时，人们就已经搽粉了，铅粉当时就是被用作增白的化妆品。魏晋时期不但妇女搽粉，男人也搽粉。比如曹植、何晏等文人，脸上经常是搽得白白的。

两专家

当然古代的粉色彩也多种多样，秦汉以前以白粉为主，至六朝后黄粉、朱粉、紫粉等才逐渐流行。

今天我们知道铅会让人中毒，铅粉长期暴露在空气中，会变黑。长时间用铅粉涂脸，反而会使皮肤粗糙变黑。但过去人们不了解其中原委，而且因为铅粉质地细腻，容易附着肌肤，人们很喜欢，所以铅粉作为涂白的化妆品一直沿用到近代。直到近代化学知识传入，人们才逐渐明了铅粉被氧化变黑的机理，以及铅粉对皮肤的损害，铅粉作为化妆品才被慎用。

王知：“北方的人除了涂粉以外，有的时候还要抹一些油，这些油脂和胭脂有着怎样的关系呢？”

周嘉华：“南方温度高，南方人的皮肤汗腺容易分泌出油，但是北方天气寒冷，皮肤容易皲裂，再加上风吹，使皮肤开裂，为了保护皮肤人们就抹上油。最原始的油就是动物油脂，直接往脸上抹，可是毕竟不太舒服，后来人们才发现，用油脂抹脸能保护皮肤。但是人们这时候用的脂已不纯粹是油脂了，还有一些色料添加进去。古时候说一个人美，气色好就说他满面红光、面如桃花，所以人们就要抹一点红的脂，除了口红、唇脂是红的，脸上的胭脂也要添加红色。最早的胭脂，据说是在商

红蓝花

纣王时出现的，那时候是把红蓝花挤出汁来，慢慢让它凝固后就成了红颜色，把这个颜色跟油进行调和，抹在脸上、嘴唇上就是红的。因为当时红蓝花的产地主要在北方的燕国，所以这个脂就叫作燕脂。”

王知：“‘燕’是燕国的‘燕’，后来的胭脂就是由这个燕脂演变而来的。”

周嘉华：“当时北方的游牧民族中用油脂的化妆品比较多，其中最有代表性的就是匈奴。匈奴是游牧民族，生活在北方，汉朝时候曾经很强盛，他们居住的地方就是盛产红蓝花，出胭脂的地方，所以胭脂的出现跟匈奴还有点关系。”

战国时匈奴游牧于河套地区及阴山一带。西汉时期，匈奴进攻汉朝，汉武帝派霍去病数次西征，过祁连山、焉支山千余里，大破匈奴军。焉支山一直是匈奴重要的生存基地和军事屏障，有赖于祁连山与焉支山的丰美牧场，匈奴民族才得以强盛起来。祁连山、焉支山的丧失，使匈奴从此一蹶不振。在此之后，匈奴就流传着这样一首诗歌：亡我祁连山，使我六畜不蕃息；失我焉支山，使我妇女无颜色。

为什么说失去焉支山使得妇女无颜色呢？有一个推论就是焉支山下盛产红蓝，其花可做胭脂，所以失去焉支山，无以采红蓝，无从做胭脂，没有了胭脂，匈奴妇女自然“无颜色”了。唐代诗人李白在《塞上曲》中也写道：“燕支落汉家，妇女无颜色。”

焉支山原属月氏，在秦末才归属匈奴，可以推想，在秦汉时期，不独匈奴，而且包括月氏在内的西北部少数民族，都可能掌握过此种技术。

与匈奴有关的一些出土文物

祁连山一带

那么西北地区的红蓝花和制作胭脂技术，何时和中原地区交流的呢？一些史籍中提到，将红蓝花引种到中原的人是张骞。张骞出使西域归汉时，带回了“红蓝”植物和“胭脂”，完成了从种植到制作的“成套技术引进”。汉人不但学会了这套技术，而且因地制宜、发扬光大，将制作胭脂的技术用文字记载下来，同时使红蓝花使用范围扩大，由制作“胭脂”的原料，延伸到纺织染色领域。当然在中原地区，早有许多植物可做染料，但红蓝花可直接在纤维上染色，所以在红色染料中马上占有了极为重要的地位。一是做胭脂的原料，二是做染色原料，红蓝花就成了著名的经济作物。汉代就有人家种植红蓝花竟达千亩，以成巨富，足见红蓝之盛！

周嘉华：“胭脂产于匈奴，这是很自然而然的事。各个民族在自己特殊的生活环境中都有发明创造，目的就是为了改善自己的生活，也就必须从自然界当中发现一些物质，然后利用这些物质来改善生活。胭脂出于匈奴，匈奴在当时也是中国的一部分，后来尽管匈奴西迁了，但还有一支留在中国，匈奴所留下来的发明创造，就成为中华民族共享的成果。”

王知：“涂脂抹粉使人们在装饰的过程中美化了自己，也丰富了生活。但是涂脂抹粉这个词的含义现在已经不仅仅局限于化妆了，比如现在人们说红粉指的就是漂亮的女孩子，女朋友就叫红颜知己，所以它在社会上、文学中都有更多地推广，不仅仅局限于原来所说的涂脂抹粉的含义了。”

（闫珊）

张骞出使西域图

NO.23 如法炮制与中药制法

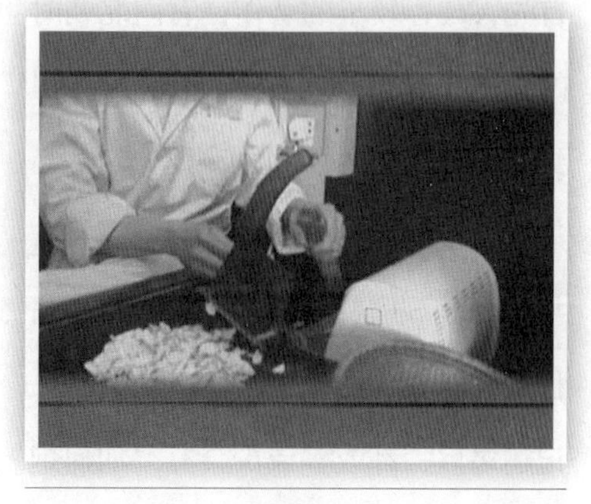

切药片

王雪纯："现在大家都知道成语'如法炮制'，是说人们依照现成的方法办事，但是可能很少人注意到如法炮制的'炮'是火炮的'炮'，而不是三点水的'泡'。"

王知（同济大学教授）："这恐怕和早期用药习惯有关——根据马王堆的汉墓资料，最初人们大多是压成粉末来吃药而不是喝药的。"

王雪纯："我们常常会误会'如法炮制'中的这个'炮'是'泡'字。这是因为大家不知道这个火字旁的'炮'，是一个多音多义字。我们在日常生活中常见的‘机枪大炮’、象棋中的‘车马炮’，这里的‘炮’读作‘pào’，是个名词，指火炮。但是在‘如法炮制’这个词里，‘炮’读作‘páo’，是个动词。它指的是用烘、炮、炒、洗、泡、漂、蒸、煮等对中草药进行加工的诸多方法中的一种。”

碾药

王知：“对，但也泛指药物加工。从好几本著作中可以看出来这一点：首先，现存较早的著作，有南北朝时的雷敩《雷公炮炙论》（辑佚本）提到；其次，稍后的陶弘景《本草经集注》，在绪论中也有说明。实际上，几乎所有的本草著作，在药物的名称、性味、功能、主治、产地的有关记述之后，都或多或少会有‘如何炮制’的说明。这些就是‘法’。”

主持人与专家

王雪纯：“原来‘如法炮制’这个成语本来的意思和我国源远流长的国学——中医学密切相关。”

王知：“这种制作中药的方式代代相传，后人也是仿照前人的成法来制作药剂的，这就是所谓‘如法’的‘法’。”

采药

王雪纯："在宋代人释晓莹的著作《罗湖野录·四·庐山慧日雅禅师》一文中记述说，'若克依此书，明药之体性，又须解如法炮制。'指的就是药剂炮制。而这些方法还针对不同的中草药有不同的要求，根据近年统计，我国中草药的总数约8 000种，常用的亦有700多种。如此繁多的种类又有各自不同的加工方法，为什么古人要对中药进行这么复杂的炮制呢？"

王知："目的我想主要有以下几种吧。1. 保存的需要——例如：植物的干燥；2. 使用的需要——例如：鹿角坚硬，需要'镑'成丝，以便煎煮时获取有效成分。明矾→枯矾，才能变成粉状；3. 去除毒性——例如：附子；4. 增强药效——例如：用明矾处理半夏，增强其化痰的效果；5. 改变药性——例如：生地→熟地；6. 去粗取精——例如：滑石'水飞'（注释：系借药物在水中的沉降性质分取药材极细粉末的方法。将不溶于水的药材粉碎后置乳钵或碾槽内加水共研，大量生产则用球磨机研磨，再加入多量的水，搅拌，较粗的粉粒即下沉，细粉混悬于水中，倾出；粗粒再飞再研。倾出的混悬液沉淀后，分出，干燥即成极细粉末。此法所制粉末既细，又减少了研磨中粉末的飞扬损失。常用于矿物类、贝甲类药物的制粉。如飞朱砂，飞炉甘石、飞雄黄等。），获得最细的粉末等等。"

王雪纯："是的，比如像潘金莲毒死武大郎所用的砒霜，众所周知是剧毒的东西。其实砒石是一种比较常用的中药。砒石外用可以蚀疮去腐，内服可以祛痰平喘，还可用于治疗疟疾。当然，砒石必须经过炮制才可以使用。而砒霜就成了剧毒物。"

中药来源于自然界的植物、动物、矿物。这些天然药物有的质地坚硬、粗大；有的含有杂质、泥沙；还有的含有毒性成分等，所以都要经过加工炮制后才能使用，往往一种中药可以有多种炮制方法。炮制除了能降低或消除药物的毒性，不良反应，改变药物性能等，还有一个好处就是便于调制和保存。比如说中药里植物的根茎类、藤木类、果实类本身大小形状不一，不便于分配剂量，经炮制后加工成一定规格的饮片，如切成片、丝、段、块等，就便于调剂时分剂量和配方。还有像矿物类、贝壳类及动物骨甲类药物，又比如自然铜、磁石、代赭石、牡蛎、石决明、穿山甲等，这类药物质地坚硬，难于粉碎，不便制剂和调剂，而且在短时间内也不容易煎出有效成分，因此必须经过炮制，采用煅、煅淬、砂烫等炮制方法，使质地变为酥脆，易于粉碎，而且使有效成分易于煎出。

王雪纯："据说，炮制还有一个比较奇妙的作用是改变药的趋向沉降。"

王知："最简单的例子就是萝卜的生（升）熟（降）之异。"

王雪纯："看来中药的加工，也是一件十分费时费力的事情。"

王知："当然。但这些过程的确与药效具有密切的联系。著名的百年老店同仁堂的五世祖乐梧冈于康熙

制作标本

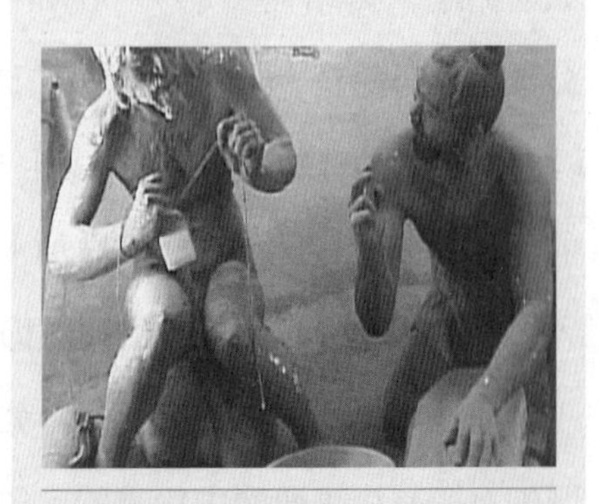

远古的人类

和药

四十五年（1706），在《同仁堂药目》绪言中谈道：'炮制虽繁，必不敢省人工；品味虽贵，必不敢减物力。' 即不得 '偷工' 与 '减料'。这里所说的 '不得偷工'，也就是必须对药物 '如法炮制' 了。"

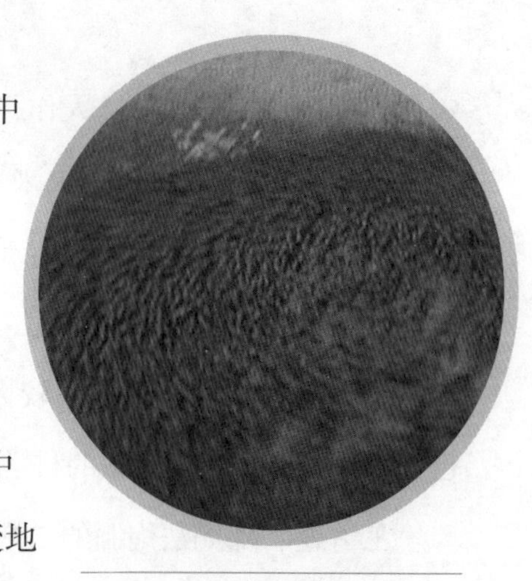

成药丸

王雪纯："虽说 '如法炮制'，那么中药材的加工方法是否就永远都要一成不变地按照古书中所记述的方法吗？"

王知："这的确是一个非常有意思的话题。可以从 '继承' 与 '发展' 两方面考虑。继承：对于经验的重视。我国发明的抗疟新药 '青蒿素'，即根据古书的记载，不用煎煮，而是浸泡，从而使得其中的有效成分得以保存。发展：新中国成立后，各省市在继承的基础上，编制了《中药炮制规范》，使得中药炮制向规范化、标准化、科学化发展。这些也成为新《药典》的构成内容。另外，炮制加工的技术，还影响到药材贸易——成色的好坏影响价格。这一点在人参、枸杞等药材上表现得就十分突出。"

中药的炮制是随着中药的发现和应用而产生的。有了中药就有中药的炮制，其历史可追溯到原始社会。人类为了生活、生存必须劳动生产，必须猎取食物。由于人类的增多，鸟兽鱼之类不敷食用，则尝试草木之类充饥，人们常误食某些有毒植物或动物，以致发生呕吐、泄泻、昏迷，甚至于死亡，有时吃了之后使自己疾病减轻或消失。久而久之，这种感性知识积累多了便成了最初的药物知识。为了服用方便，就有洗净、将整枝整块的掰成小块、锉为粗末这些单加工，这便是中药炮制的萌芽。《韩非子·五蠹篇》记载："上古之世……民食果蓏蚌蛤，腥臊恶臭，而伤害腹胃，民多疾病。有圣人作，钻燧取火以化腥臊，而民之，使王天下，号之曰燧人氏。”这种利用火来炮生为熟的知识，逐渐应用于处理药物方面，从而形成了中药炮制的雏形。此后，又经过春秋战国至宋代的中药炮制技术的起始时期；到金元、明朝是炮制理论的形成时期；清代以后，中药炮制的品种和技术有了较大的扩展应用；直至现代，中医药炮制学已经形成了一个比较完备的科学体系。

王雪纯：“那如法炮制的‘炮’是一种什么样的方法呢？”

王知：“‘炮’，是将药物埋于灰火中，直到焦黑。《五十二病方》中的‘炮鸡’是将鸡裹草涂泥后将鸡烧熟，即‘裹物烧’，直至炮生为熟。当然，现代的‘炮’已经没有那么麻烦，就是炒；将药物炒至微黑，如炮姜，或以高温砂炒至发‘炮’，然后去砂取药。”

王雪纯：“除了‘炮’以外中药还有哪些制法呢？”

王知：“中药制法有很多种不同的分类，人们熟悉的一些制法如酒制法、蜜制法、醋制法、盐制法等属于辅料分类法。比较常用的是按加工技术来分为修制、水制、火制、水火共制等等，前人称‘炮制’为‘炮炙’。但‘炮炙’二字仅代表了中药整个加工处理技术中的两种火处理的方法，并不能概括其他的中药炮制方法。”

王雪纯：“李时珍的《本草纲目》中有一千多种药，每一种药下有注解及其作用，可以组成的方剂等，非常详细清楚。”

王知：“简单说就是水火之法。矿物‘煅’；表面处理‘煨’；饮片‘炙’或‘炒’。水渍、泡、洗、飞；‘水火共制’即蒸和煮。”

王雪纯：“如果可以用水来制药的话，那写成三点水的‘泡’似乎也可以。”

王知：“清代的小说家就这么写，也不能算错。我们现在为了保存古

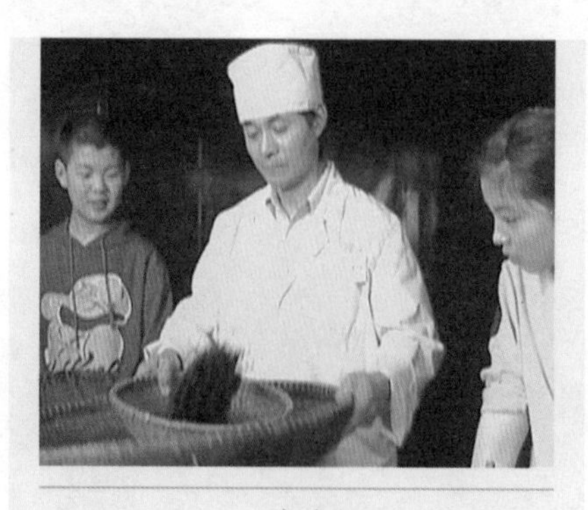
装药

分中药

称中药

代炮炙的原意，又能更确切地反映整个中药处理技术，所以现在就统称为‘炮制’了。”

王雪纯：“其实可不可以说，‘炮制’就是使药物发生物理或者化学的变化？”

王知：“古代无此说。这是现代人的理解。中药的化学成分相当复杂，很难弄清究竟发生了哪些变化。有的可能是量变，也可能是质变。一些成分含量增加了，另一些成分减少了或消失了，或者产生新的化合物。”

王雪纯：“讲到炮制的例子其实有很多。我印象比较深的是，《红楼梦》中‘冷香丸’的炮制，就非常费工夫。据说是要春天开的白牡丹花蕊、夏天开的白荷花蕊、秋天开的白芙蓉花蕊、冬天开的白梅花蕊各十二两，于次年春分这日晒干，跟药引子一起研好。又要雨水这日的雨水、白露这日的露水、霜降这日的霜、小雪这日的雪各十二钱调匀了，再加蜂蜜、白糖，做成龙眼大的丸子，盛在旧瓷坛内，埋在花根底下。这样才能配成‘冷香丸’。”

王知：“这冷香丸从采集、配伍、制作、保藏及服用方法，正像宝钗说的‘真真把人琐碎死’。其实中医所用的无论是汤剂饮片，还是丸、散、膏、丹都讲究遵古炮制，对药物的采集时间、配制方法等要求极严，以保证药效。冷香丸所用的四种花蕊须在次年的‘春分’晒干，这是因为春分当日昼夜等长，取的是阴阳和谐之气。”

王雪纯：“其实我觉得，曹雪芹针对薛宝钗的病情而设的‘冷香丸’，还暗含着一种心理疗法。因为哮喘病的发作，与情绪的好坏密切相关。‘冷香丸’从和尚之口说出，给宝钗有一种信任感，制作药丸艰难烦琐，放在坛内埋在梨花树下，是想得‘梨花仙子’的‘灵气’快点医好病，让宝钗觉得非常玄妙莫测。而‘冷香丸’与宝钗的‘冷美人’称呼又有相通之处。药物的疗效加上一些心理暗示，其实都是有

花

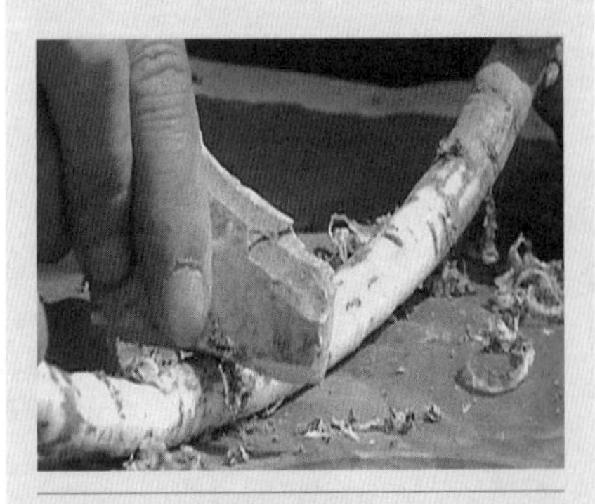

给植物茎去皮

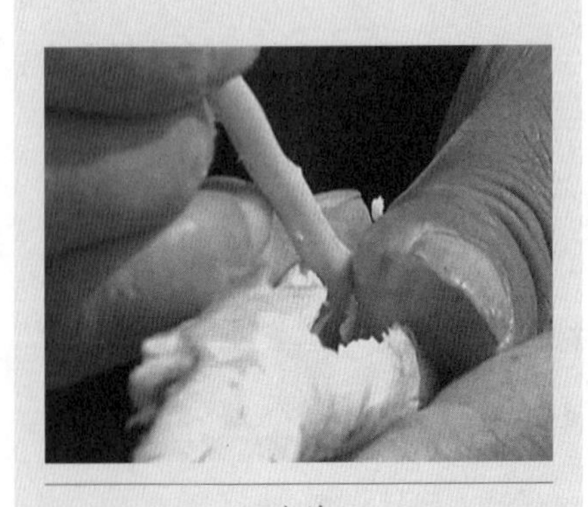

除芯

中医原理在里面的。”

药罐

中药是开创了医药界内一个独特的领域，它常常是一药多效。而中医治病往往又不是要利用药物的所有作用，应是根据病情有所选择，通过炮制对药物原有的性能进行取舍，权衡损益，使某些作用突出，某些作用减弱，力求符合疾病的实际治疗要求。现代这些已经成熟的理论浓缩着古代的医学家们的艰辛，通过生活经验不断积累，多次反复而有同样的效用。古代的医学家们搜集整理，著书传于后世。经过一代又一代医学家的不懈努力，经过病人们一次又一次临床试验，终于形成了几千年来科学的中医炮制理论。

王雪纯："中药的炮制是科学的、复杂的，我们今天所了解的内容也只是'管中窥豹，略见一斑'。中医学发展了数千年，它对我国人民的健康和民族的繁衍起到了极其重要的作用，而中药是中医治病的重要工具之一。"

大药房

王知："中药的炮制是祖国医药学的宝贵遗产，有史以来，它同中医临床用药相结合，保证了其安全有效。目前，中医学的价值被愈来愈多的中外医学界学者重视，它们将以全新的面貌对攻克全人类面临的疾病做出独特的贡献。"

（姜丹）

NO.24 斗转星移话北斗

地球

“斗转星移”是描述时间的推移和岁月的更迭。五代和凝的《江城子》里有“斗转星移玉漏频，已三更，对栖莺”。讲的就是一夜转眼就过去了，岁月无痕，转瞬即逝。熟悉这个词语的人们可能很少会想到北斗星实际上是中国星宿体系建立的基础。

田松（北京师范大学教授）:“认识北斗是在我小的时候，还没有上学的我在农村就已经认识了。因为它在星空里面是非常显眼的一个，‘斗转星移’指的就是斗柄一旋转，然后整个全天空的星星就跟着转，其中旋转的核心就是北极星。但是北极星很暗，一般情况下，要经过特殊的辨认才能找到，但北斗很容易就能找到。斗转星移这件事可能对于很多城里孩子来说不是一个经验事实，但是对我来说是一个经验事实。”

古人把北斗星喻为帝王的车驾

江晓原（上海交通大学教授）：“对城里长大的人来说，这只是一个文学语言。按照常识，对于一个初步辨认一下方向，看看北斗七星形成的著名的勺子形状就可以了。但是如果你要再准确一点寻找北的时候，我们就要找北极星，北极星和北斗是两个不同的星体，而且它们之间是有相当大的距离的。”

北极星和北斗星、北天极、岁差

在天文学上，人们把位于北天极的星星叫作北极星。

我们都知道地球一年绕太阳一周的同时还在绕自身的地轴自西向东转动。而地球自转轴所指向的夜空在地球人眼里就是固定不动的，这部分天空叫作天极，北半球上方叫北天极，南半球上方叫南天极。中国人生活在地球的北半球，所以只能看到北天极。

我国古人将北天极附近的区域称为紫微垣，北极星是帝星，北斗七星也位于紫微垣，是帝王的车驾，它的斗口永远向着北极星。古人利用斗柄的指向判定季节，斗柄东指，天下皆春；斗柄南指，天下皆夏；斗柄西指，天下皆秋；斗柄北指，天下皆冬。

但是，就像历史上的改朝换代一样，皇帝轮流做，而天上的帝星也不是固定的，这都是岁差的缘故。我们都知道地球有一个忠实的卫士——月球，岁差就是月亮惹的祸。当月亮围绕地球旋转的时候，它就使地球像一个陀螺一样摆动起来，摆动周期大约是两万六千年，所以地球的自转轴指向的天极也在变化，只是这种变化根本无法察觉而已。

江晓原："真正的北极是在移动的，所以这些有资格充当北极星的星不会是恰好在北极上，总是在它的附近左右。"

田松："我知道你的意思，如果北天极上恰好有一颗星，那么它就叫北极星。"

江晓原："那是再好不过了，事实上并不一定是正好在北极的星星。因为能够充当北极星的这颗星还得足够亮。"

田松："我们现在的北极星是小熊座α，那是一个可能很近的星星。应该是在10 000年以后吧，这时北天极和织女星是很接近的。所以那个时候我们可以用织女星……"

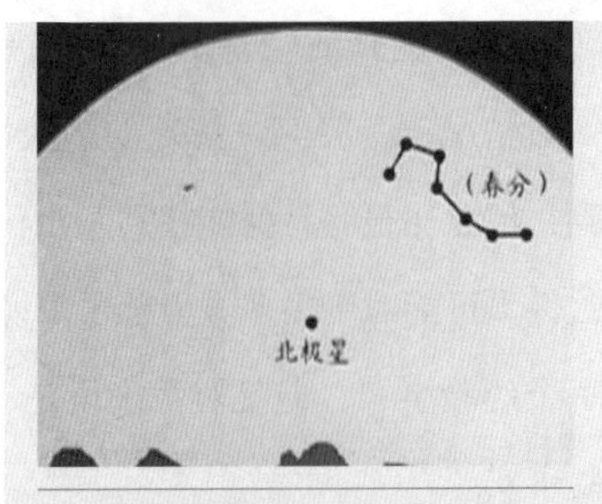

春分时北斗星在天空的位置

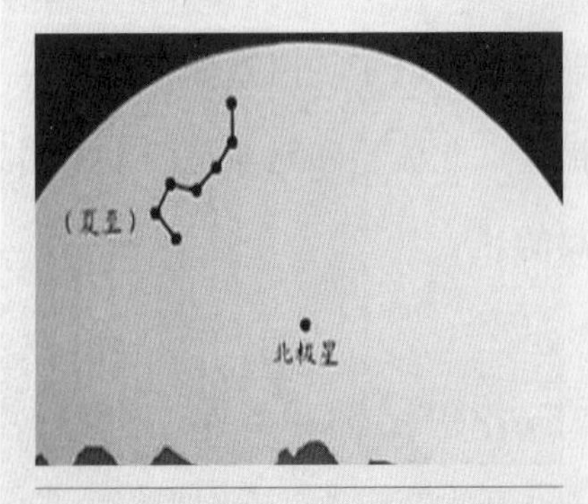

夏至时北斗星在天空的位置

秋分时北斗星在天空的位置

江晓原："做北极星。那时候就更亮。"

田松："不一定做北极星，但是可以用它来判断正北这个方位，这是没错的。"

江晓原："古人更关心的其实还是那七个，北斗七星。"

田松："对。"

江晓原："它们最初的时候，可以用来表征一年的季节的转换，它又有那么一个特殊的几何形状，很容易引起人们的注意，所以它会被大家特别地重视。在往后它就被赋予很多宗教的，甚至是那种哲学的、神秘的意味。比方说我们古人认为斗为帝车，他们相信北斗是天帝的车子。"

田松："天帝的车。"

江晓原："对，它在这里，在天上旋转的，就统御着四方，本来这只是一个文学性的想象嘛，但是到了复古成癖的王莽这样的人手里，那就会变成一个非常可笑的事情。王莽让人用五色石造了一个玩意儿，象征着北斗七星这样一个东西，叫作微斗，他平常出入就得有一个侍从替他扛着这个微斗，表示……"

田松："他是天极。"

江晓原："对。"

田松："北斗……"

江晓原："跟着他走。更可笑的事情是等到起义军围攻城的时候，王莽让星占学家拿着石盘替他看好了方位，就说按照时间北斗现在应该转到哪儿了，他就要让持着微斗的人在他旁边侍立着，他跟着转方向，这会儿比方说北斗开始朝这边了，他也转移他坐的方向。"

田松："这就是一个典型的叫作交感巫术。"

江晓原："对，这是个巫术，他相信通过这个样子他可以控制整个战局。不把工夫放在攻防战上，而放在这个上面，这当然是没有用的，最后他随着他的微斗一起玩完了。其就是对北斗尊崇的一种极端，已经到了夸张搞笑的地步了。这就是王莽。但是你还可以看到有很多不那么夸张的，比方说道士们的颂文古剑，那剑被称为七星剑，剑身上面一定是会有北斗七星的形状之类，实际上已经巫术化了。"

田松："就说这种巫术应该是有很久远的历史，我们在考古发现里面，不是也发现很古老的墓里面，出现了用蚌壳模拟北斗的形状吗？"

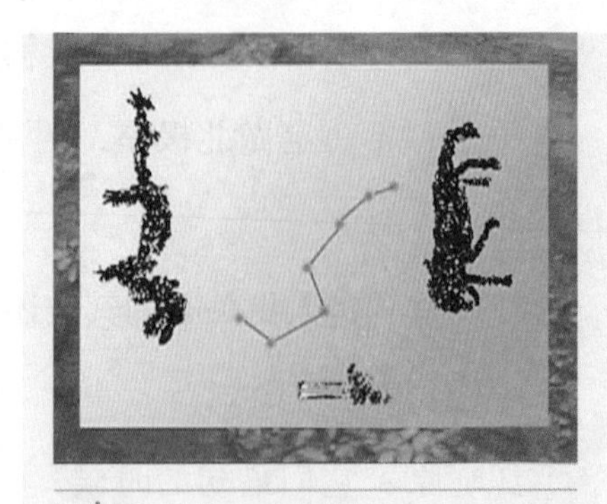

河南濮阳西水坡墓葬里出土的蚌壳堆塑的图案

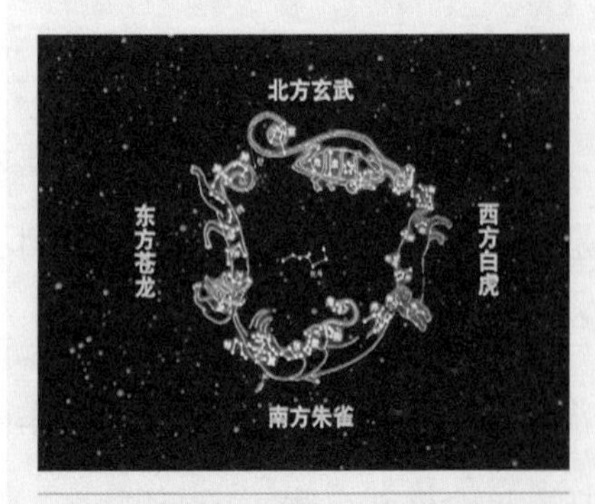

苍龙、白虎、朱雀、玄武四个天区

中国古代的星象划分

在20世纪80年代，河南濮阳西水坡出土了一组墓葬，经确定是距今6 000年前仰韶文化时代的，这个墓葬最为引人关注的是墓主人的身旁有三组蚌壳堆塑的图案。东侧是龙，西侧是虎，与我国四象中的东苍龙、西白虎正好吻合。

《山海经》里的豕身人面

而墓主人脚下的这个图案又意

味着什么，许多学者认同一种观点，那就是北斗。

上古时代的中国，人们将许多解释不了的现象归到了神秘的范畴，而对于遥远的星空，人们更是认为那里有一个主宰人类的神的居所。他们认为北天极附近是天帝生活、处理政务的地方，将那一片划为中宫，里面有天帝居住的皇宫——紫微垣，天帝处理政务的地方——太微垣，和与各国诸侯进行贸易的场所——天市垣。围绕中宫的是东南西北四个天区，也就是东苍龙、西白虎、南朱雀、北玄武四象。每象中又细分为七宿，也就是共二十八宿。他们是天帝统率下的四方臣民。

难道先人在向我们暗示被苍龙、白虎和北斗围绕的是一位帝王之尊？人们可能永远不会知道谜底，但有一点可以肯定，古代的帝王将相总是会将自己和天象联系在一起的。

田松："我最近看了一份文献，它是说明代的万历皇帝的墓葬，他在棺材里边的姿势不是平躺的，而是曲起来那一只胳膊放在什么位置，这个事情很奇怪，最近也被人解释成他是要模拟北斗的形状。"

江晓原："也可以这么解释，谁知道那个时候他听信了什么迷信的说法。"

江晓原："交感巫术里面最著名的故事就是一行和他的恩人王老的故事，这个故事在唐人的笔记小说里面有。我们知道一行。"

田松："是一个和尚。"

江晓原："他是密宗的一位高僧，同时又是唐朝的天学方面的官员，他年轻的时候受过一名叫王老的老太太的恩惠，后来王老的儿子杀人犯了死罪，王老叫一行帮忙，一行嘴上拒绝了，实际上他是在帮忙，便对他的家奴说，某年某月某日你们到某个园子里去，等着，有东西来就给我抓在布袋子里，拿回来给我，那些人到了那天晚上按他说的时间在那

古陶上的猪形象

个地点上等着，就有七头猪。”

田松：“猪？”

江晓原：“对，七头猪被装进口袋里，带回来，一行就把它们放在一个坛子里，在坛上面写了几个符咒贴了，然后就放起来。不久唐玄宗就紧急把他召去了，说北斗七星不见了，怎么办？这被认为是不吉的天象。”

田松：“凶兆。”

江晓原：“对，一行说应该大赦天下。唐玄宗就照做了，大赦天下的直接结果是王老的儿子也在被赦的人当中，实际上是他救了王老的儿子。”

古人认为，北斗星的散精洒落人间后就转化为猪，《山海经》中豕身人面正是远古人们对猪图腾的形象写照。在一些古文化遗址中，也普遍有猪图腾崇拜和北斗星崇拜的痕迹，至于先民为什么将猪看作是北斗在人间的化身，恐怕是很难用现代人的思维来解释的。

田松：“我在做纳西族调查的时候，也关注过对天空的看法，纳西族除了有星占，也就是占星，根据星星来占卜吉凶，也有星祭，祭这个星星，祭星仪式很有意思。”

江晓原：“北斗是属于受祭祀的星。”

田松：“对，先要准备一个场地，这个场地要打扫得非常干净，然后在里面插一些树棍，放一些石子，模拟一些星象，其中北斗就是一个。”

江晓原：“就是模拟的。”

田松：“他们祭祀的星星有所不同，因为纳西人是把星星也分成吉凶的，有的星星是吉星，有的星星是凶的，他祭祀的是那些吉的星星，在打扫完了之后，由东巴唱歌，把这些祭品都摆上，通过一些歌舞、经典的念诵把星星请来，在这个过程中有一些模拟动作，意思是说星星已经来了，来了之后坐在这里，享受各种各样的供品，这些东巴们载歌载舞，狂欢之后又把这些星星送走。”

明清时代的魁星形象

江晓原：“他们相信这些星是对应着某些神的。”

田松：“对，这个过程非常像请客，他们希望通过这样一种请客的方式和这些星星们搞好关系，从而来保佑他们这一年的幸福平安。”

江晓原：“这和王莽的微斗颇有类似之处，都是那种交感巫术的表现方式。”

民间向北斗祈福的人里面，文人恐怕是最有特色的一族了。古时认为主宰功名利禄的星星是文昌星和魁星。学者考证认为魁星就是北斗的斗魁。

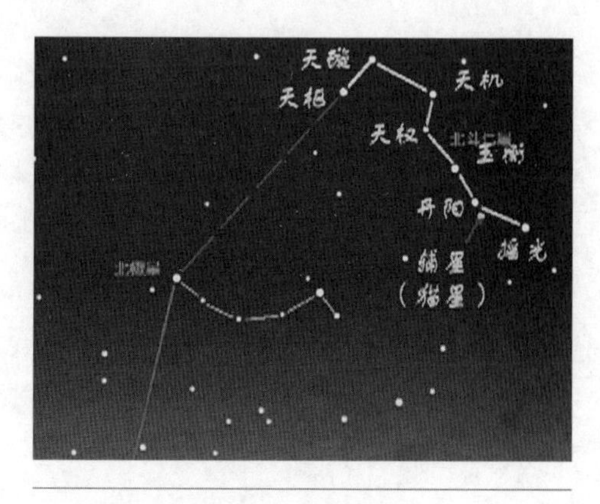

北斗七星的星名

明清时代魁星神像的传统画法，取的是独占鳌头的意思。鬼里赤发蓝面，一手拿笔，一手拿斗，方形的斗便是魁星，也就是北斗的斗魁四星。

在其他古代文明里，也有对北斗的记录。在晴朗的夜晚，如果你的视力足够好，可以看到北斗七星斗柄的第二颗星，开阳后面，有一颗光度微弱的小星星，古代的阿拉伯国家叫它为猫星，他们以能否看到猫星来证明人的视力。

田松："我这个暑假到非洲去转了一个月，每天的夜晚都能看到非常明亮的星星。我仰望那里的星空，本能地就寻找我所认识的星星。"

江晓原："仍然看到了北斗七星。"

田松："对，我仍然看到了北斗七星，但是北斗星处的地平很低，而北极星是看不到的。"

（吕洁）

NO.25 七月流火与古人对天象的观测

我国古代第一部诗歌总集《诗经》

“七月流火”出自《诗经》:“七月流火，九月授衣。”其实这里的“七月流火”说的是暑往秋来的意思，与现在人们对字面上的理解正好相反。在这里，七月是夏历七月。火，则是古代一颗著名的星星——大火星。在夏历五月黄昏的时候，大火星位于正南方，天气转热，而到了夏历七月，大火星开始向西落下，天就要凉了。七月流火实际上隐含了古人对大火星的观测历史。

江晓原（上海交通大学教授）:“现在很多人用‘七月流火’这个词

汇，来形容天气很热。”

田松(北京师范大学教授)：“天气热得像流火一样，当然这个说法很形象。七月流火，和我们现在这个季节倒是挺相配的。”

江晓原：“但是这句话在《诗经》里本来的意思，并不是说七月很热的意思，而是按古代的历法来说，表示天就要凉快了。整个这首诗是以历法来叙事的，就是说几月份我们该干什么事情，什么日子我们该干什么事情了，而且在诗人的叙述中你能看到有那么一点牢骚的吧！所以有些人说他是一个非常贫苦的下层的人，比方说是一个奴隶。他在那里咏叹他的生活是多么艰难，到了什么时候就该干什么活了。”

《诗经》和大火星

《诗经》是我国第一部诗歌总集，收入了自西周至春秋时期的诗文与歌词。内容以抒情为主，除了极少数几篇，其他完全是反映现实的人间世界和日常生活、日常经验

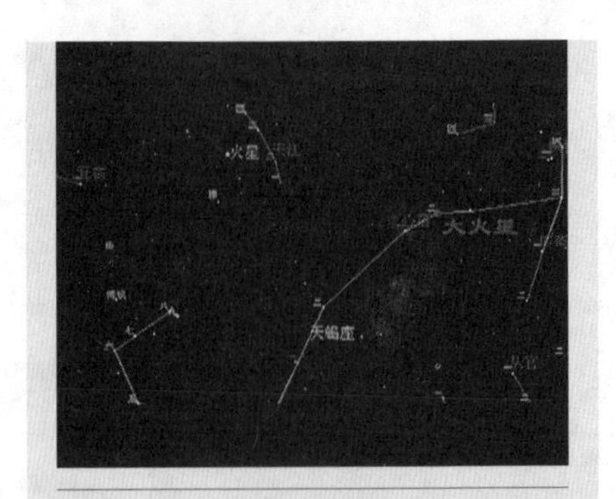

大火星与天蝎座

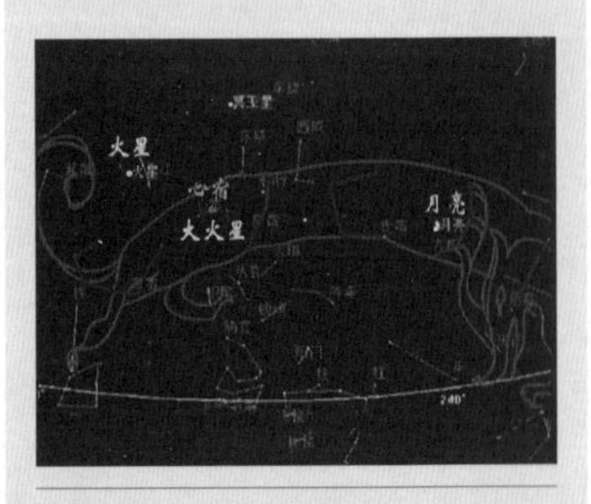

大火星在苍龙天区里的位置

东夷民族的龙图腾

的诗篇。

《诗经》给后人留下了许多脍炙人口的诗句，“七月流火”便是流传很广的一句话，其中“火”是指大火星。这颗大火星可不是我们平时所说的火星，火星在古代被称作是荧惑星。荧惑星在古时被看作是一颗不祥的星星，它的一些异象往往被看作是影响国家、影响皇权的事情。而大火星则代表了天上之火，是被古人祭祀、崇拜的星星，它们对古人的意义是完全不同的。大火星在希腊名称里的意思是“火星的对手”。

大火星是一颗火红色的巨星，它位于天蝎座。在农历七月的夜晚。向南望去，可以看到十多颗成串弯曲排列着的亮星群，这就是著名的天蝎星座。天蝎星座是黄道上最壮丽的星座之一，古希腊神话把它描述成天上的一只大蝎子，说它咬了那个不可战胜的猎户奥利昂的脚后跟，甚至把正在驾着天车游玩的太阳神的儿子费伊顿吓得从天空掉下来，变成一个飞速下降的流星。

蝎子头由三颗星组成，和这三颗星垂直的又有三颗星，居中一颗就是著名的心宿二，又叫大火。

大火星和我们相距424光年，是一颗巨大的恒星，直径是太阳的500倍，体积比太阳大千万倍以上，可是它的温度只有3 000摄氏度左右，因此只能发出红色的光辉。据推测，它已经是一颗老年的恒星了。

在中国的星宿体系中，大火星位于四象中的东方苍龙的心宿中。而心宿正是苍龙的心脏部位。

江晓原：“这颗星宿二是一个不太明亮的红色的星，这颗星看来在古人心目中是很特殊的。”

田松：“虽然它不是很亮，但是它的地位很重要。”

江晓原：“用这颗星可以来定季节，在不同的季节看到它的特定的时刻，即看它的‘中天’。每颗恒星在天上，一昼夜里，总是划这样一个弧，它总有一刻到达正南方，这个时候它的地平高度最高，古人把这时叫作‘中’。有些星是早晨的时候或者天快亮的时候中，这个时候也是中星，有的星星是黄昏的时候，当然也有半夜的时候上中天都有。”

田松：“实际上，因为季节，就是地球围绕着太阳转的周期，在这种周期中全天的恒星都在变化，从理论上说，我们可以用任何一个恒星来确定季节。”

江晓原：“对，理论上是这样。”

田松：“为什么我们选择了‘大火’这颗星星来定季节，这肯定是和文化有关。”

江晓原：“这是一个非常神秘的事情，实际上对于不同的民族，这个问题你都可以问一问，比方说埃及人用天狼星来定季节，你换一颗恒星也可以定，那为什么你要用天狼星？”

田松：“这个好解释，因为天狼

西羌民族的虎图腾

少昊民族的羽人形象

《山海经》中的蛇身人面像

星亮啊，它很亮嘛。”

江晓原：“这是一种解释，因为天狼星确实是全天最亮的几颗恒星之一。但是大火不那么亮啊。

而且中国古代二十八宿的巨星，其中很多都是不很亮的，明明有亮星也不用。”

民间的二龙戏珠建筑

田松：“所以我觉得这个和我们中国天人合一的理论有关。”

星宿分野、天人合一

远古的华夏大地有四个主要民族，分布在东西南北四个方向，就是东夷、西羌、南蛮、北狄。东夷在东部沿海地区，以龙为图腾；西羌主要在甘肃、陕西和四川西部一带，他们是以虎为图腾的；南方少昊民族则是以鸟为图腾；北方民族是以龟或蛇为图腾。

中国的古人认为天地是对应的，地上有的，天上当然是应有尽有。天上的四大星象东方苍龙、西方白虎、南方朱雀、北方玄武也就对应着地上的四大区域。

田松：“‘大火’是东方苍龙里的一个，我们现在有一句俗语，叫‘二龙戏珠’，或者‘苍龙戏珠’，龙和珠这两种形象经常出现在与中国传统有关的一种场景里，包括故宫的柱子，上面雕的有龙、有珠。龙为什么要戏这个珠呢？它玩点别的不好吗？为什么一定要玩这个珠呢？这和天象是有关的。”

江晓原：“‘大火’被当成或被定义为这颗珠，另外，若干星连线之后把它想象成一条龙，那么就认为这个大火就是龙所戏的珠。”

苍龙戏珠、阏伯观星

苍龙戏珠是一个古老的传说，在所有古画中，那龙珠无不被描绘得烈焰熠熠。有古文为证：“白龙吐物，初在空中，有光如火，至地，陷入二尺，掘之，则玄金也，形圆。”这个神异的传说已经在中国流传了世世代代。

龙为什么要吐珠，龙珠为什么带火？有的学者考证认为民间的苍龙戏珠实际上是来源于天象，苍龙就是东方苍龙，而那颗火珠正是大火星。

关于大火星还有一个古老的传说，在远古的一个森林中有两兄弟，大的叫阏伯，小的叫实沈。他们相处得不和睦，天天寻事械斗。后来此事触怒了天帝，把阏伯迁到商丘，管理大火星，也是商星；实沈调往大夏，管理参星。从此二人永不见面。而这两颗星星中的一颗从东方升起的时候，另一颗便隐没在西方地平线。杜甫诗曰：“人生不相见，动如参与商”。阏伯观测大火星的任务也就一代代传下来。

田松：“这个事情我觉得挺奇怪，从我的角度不大好理解，为什么会有一个人专门去观测大火星？”

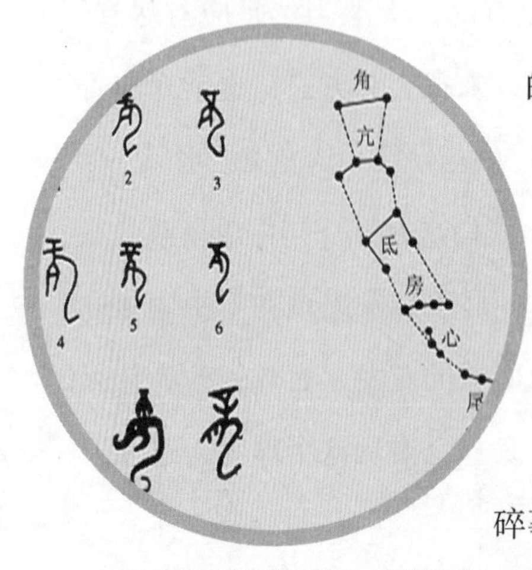

龙的象形文字和星座对比

江晓原：“从古代早期文献看，古人经常会为了一个很具体的事情设立一个人，专职的人，这个人就专门管这个事。在《周礼》里可以看到很多管琐碎事的人，就以这个管事的人来命名他的官职。在那个时代我觉得还是可以理解的，因为这颗星已经被选定为一个很特殊的、有特殊意义的星了，所以现在要设一个人专门来观测它，因为这个星可以用来确定季节，它可以帮我们进行授时。”

大火与时节

中国最早的历法是一种和农业生产紧密相连的、以大火星为授时星象的自然历，今人称之为“火历”。当管理大火星的官在黄昏的时候观察到大火星位于南方正中的位置时，就向民众发布春分已经到来，可以春耕播种了。而当大火星西伏时，一轮农事便告结束。

田松：“对于一个传统地区来说，哪怕对于文盲来说，以大火星位置来定农时是一个很平常的知识。”

江晓原：“这符合顾炎武说的‘三代以上人人知天文’。那个时候大家还是要观天的，也符合西方人认为的在古代星空是他们的文化资源之一。”

田松：“我觉得是可以想象的。你想想一到了晚上，又没有灯，又没有电视看，最庞大、最明显的一个对象就是星空，他不可能不关注。”

江晓原：“何况在古代还有几种人需要观天，一是皇家的星占学家，那是他的职责。”

田松：“专业人员。”

江晓原：“这是他的功课，他必定要看。另外一种就是想要谋反的人，私习天文的人，整天在晚上夜观星象。还有需要搞星占的，虽然不是皇家星占学家，但是他也要看的，就像《三国演义》里司马懿看见大星掉下来又起来，又掉下，如

古代耕种岩画

斯者三，就知道孔明死掉了。”

田松："孔明也是夜观星象的。你刚才讲这件事情是不是有点奇怪，为什么造反的人要看星？”

江晓原："对，要私习天文，通天。凡是自命为能够跟上天沟通，知道上天意思的人就是一个有发言权的人。对于统治权的确立来说，谁有这种发言权，就意味着谁有天命，或者有解释天命的能力，所以每次新王朝统一天下之后，就禁止别人私习天文。每当一个老的王朝快要崩溃的时候，各种各样企图造反的人就要去搜罗那些偷偷私习天文的人做他们的谋士。”

田松："搜罗一下前朝的。”

江晓原："对，然后来预言自己兴朝的。”

田松："就是说对天空了解比较多的人是知道天意的人。”

江晓原："也是危险的人。比方说帮朱元璋打天下的刘伯温是懂天象的，在朱元璋夺天下的过程中，刘伯温肯定用了他的星占学知识，为朱元璋制造舆论，等到朱元璋统一了中国以后，刘伯温非常害怕，他觉得这个东西变成了危险，因为懂天象，他很害怕，特别老实。但是他的政敌还拿这个东西去攻击他，到朱元璋面前说他的坏话，说他是争夺一块有王气的地。朱元璋听了将信将疑，虽然没有降罪，但还是把他的俸禄给减了，甚至是完全削夺了。所以刘基（就是刘伯温）死的时候，相传是他政敌把他毒死的。但是不管怎么死的，他临死的时候，给他儿子的遗嘱中说：快把家里的天文书交给朝廷去，子孙再也别学。”

（吕洁）

NO.26 玉不琢不成器话玉器加工

2008北京奥运会印章

“玉不琢，不成器”出自《礼记·学记》，讲的是这么一个道理：玉只有经过不断地琢磨，才能成为有用的器物。古人琢玉不仅代表当时的一种文化，也反映了当时的技术水平。

江晓原（上海交通大学教授）：“我们把玉当成一个比较珍贵的东西来看。”

李山：“国宝，我们的皇帝大印就是玉做的。”

江晓原：“对，所以这次我们为北京奥运准备的那个徽宝，也是仿造了皇帝玉玺的样子用玉做的。”

李山：“这种玉器是很符合中国文化特点的。”

江晓原：“这样一个徽宝上面有龙钮，底下有图案，在今天要加工出来并不困难，尽管也要费挺长时间。”

李山：“很讲究工艺。”

江晓原：“这在古代，比方说良渚文化时代，距今好几千年前，已经有非常好的经过加工的玉。”

李山：“在良渚之前，最早的，说是中国玉器之祖是一个玉斧，就是劈材的斧，这是在东北，在兴隆洼文化遗址发掘的，是最早的。”

江晓原：“当然这不是真的用来劈东西的。”

李山：“象征。它是一种权力。”

江晓原：“因为玉是脆的，我们理解古人为什么把玉当成特别珍贵的东西，原因在于它的加工是非常困难的。”

李山：“非常困难，因为玉的硬度很大，超过一般的石头。”

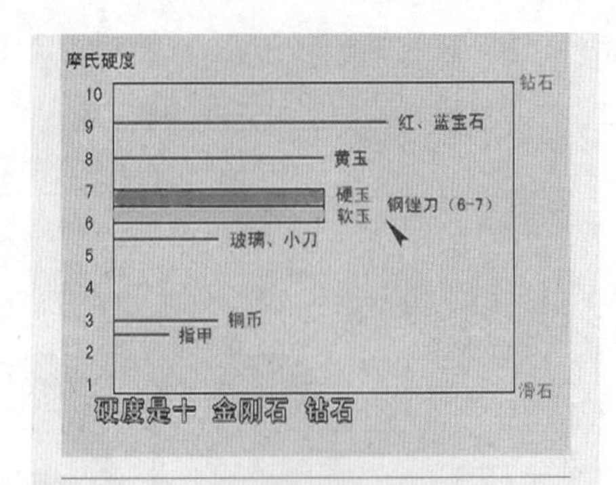

几类物质的硬度比较

良渚文化出土的玉指环

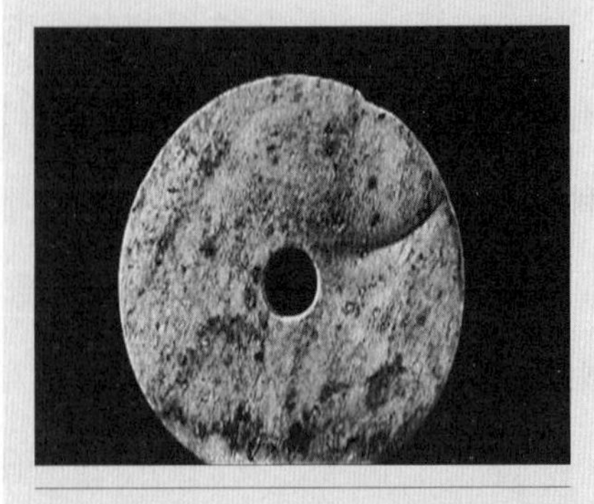

良渚文化出土的玉璧

江晓原:“我们可以看个表。”

李山:“有个数据。这是一个硬度表。”

江晓原:“这里有一些比较重要的指标，指甲，硬度是2.5，在它的上面、最高的我们看到硬度10，是金刚石、钻石，而那些玉都在什么位置上呢，硬度在9、8以及常见的软玉、硬玉都在六点几，玻璃只有5.5。”

李山:“玻璃已经够硬的了。”

江晓原:“对，还有现在用的钢锉刀，硬度也只有在6到7之间。”

李山:“所以这是一个谜，现在我们看到良渚文化很多玉器制作得非常精美，非常精细，玉琮外方内圆，很亮，还有玉璧、玉玦、玉璋等，所谓六瑞，这些东西究竟古人是靠着一种什么工具和技艺把它弄出来的，现在实际上是个谜。”

古文明玉加工之谜

良渚文化出土的玉器，雕饰之精美很难让人想到它们是新石器时代的作品。我们无法猜测那些神秘的神人兽面到底代表着什么，我们也无法想象这40多厘米的玉琮，从上贯穿到下的通孔是怎么加工出来的。

“他山之石，可以攻玉”，远古的人们没有现代工具，他们是用比玉硬的石头去琢磨那莹润的美玉。一点一点地磨，用几年甚至一生的时间去琢磨一件玉器。

这样艰难的琢玉，使得拥有玉器成为权力与财富的象征，普通人是无法养得起一辈

良渚文化玉器上的神人兽面纹饰

子只做一两件玉器的琢玉工的，而这样的玉器更成为祭天的礼器。

玉是古老的，世界上最好的玉产自中国，中国人则认为玉是承受了天地灵气的世间圣物。玉文化也成为中国独有的一种文化。

李山："玉器在某些方面显示了中国文化本质特征，比如德行，古人讲'玉以比德'，将道德观念寄托在玉里边，这是中国人对玉的一种很强烈的认识。"

江晓原："在早期文明中，看不到对黄金的尊崇，看到的是对玉的尊崇，所以玉肯定在金之前。"

李山："在汉代，每当大规模边疆战争一起，大量的金，有时候包括铜采出来，但是玉就不能随便给，比方说玉圭，这种东西在周代是诸侯用的，册封诸侯的时候作为信物册封给你的。"

江晓原："后来还有玉册，清朝时候还在用，由一些玉片上面刻上文字做成。"

李山："所以，在老诸侯故去

良渚文化出土的玉琮

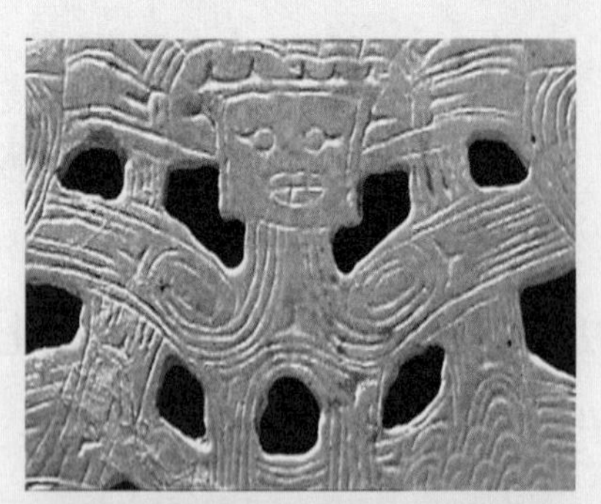

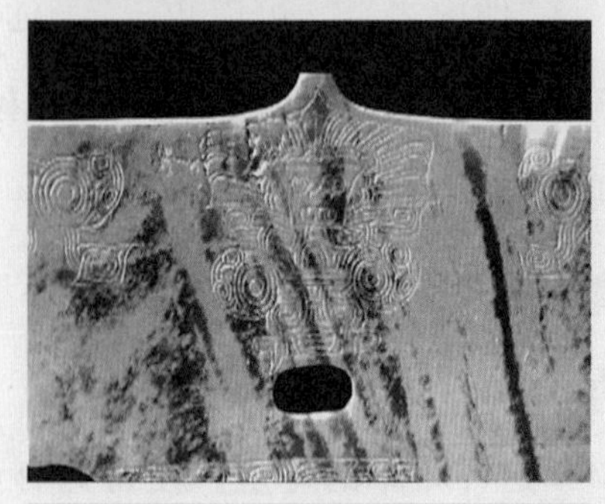

良渚文化出土的玉饰

了，新诸侯即位的时候要把玉圭拿给周王，周王再册封，这是很隆重的礼节。”

江晓原：“古人有那些套话，把什么东西刻在石上就要说‘受人神明’，‘明’就是美玉，刻在玉石上的东西就是长久的，万古不灭。”

和氏璧、玉扳指

玉玺是秦始皇的发明，他希望他的国家能像镇国大印一样，天长地久。当然秦王朝没能长久，就连那块用和氏璧雕琢的玉玺也在兵荒马乱的隋唐时期失踪了。

在西周的礼仪制度中处处可见玉的痕迹，玉器的使用象征着地位等级。当时盛行的射箭时勾弓拉弦用的玉扳指，直到清代还是王公贵族带在拇指上显示地位身份的物件。

到了春秋战国时代，人性的觉悟超越了对神的崇拜，“比德于玉”的思想道德观念进一步完善，《礼记》借孔子之言，将玉的本质特性和儒家的道德观紧密结合，总结出仁、知、义等十一德，成为君子为人处世、洁身自爱的标准。

李山：“我记得在《礼记》当中记载，有一次子贡问孔子，他说我们为什么这么争着持玉呢？比方说有一种，像其他石头也很好看，为什么不那么珍贵呢？是因为它们多吗？还是因为他们便宜？孔子说不是，他说玉这种东西表现出来的色泽，那种晶莹的东西，象征一种仁；它那种缜密，纹路的缜密，还有那种坚实，象征

精美的现代玉器

清代的玉扳指

智、智慧；这个玉有棱有角，但是它的棱角不像玻璃，玉的棱角碰到它不会划伤你，他说这象征一种义；还有一种玉敲一敲它的声音金声玉振，象征一种乐；天下人都那么珍视它象征一种道。当然，还有一些内容，把整个儒家的理想仁义礼智都和玉联系起来了。”

江晓原：“这是比喻，还有‘谦谦君子，温润如玉’。”

李山：“是。中国古代形容美人说‘言念君子，温其如玉’。人长得有气质，不一定是漂亮，是讲气质，是玉质的。”

江晓原：“但是对玉的各种各样美德的比喻，我觉得如果用唯物主义来解释的话，都出于玉加工的困难。如果玉是一个很容易就做出来的东西，人们是不可能珍视它的。实际上一个很难做出来的东西，才能夸耀，你看在早期文明中，玉是作为礼器出现的。”

李山：“那都是宗教的。”

江晓原：“那是礼器，这东西是不会进行商业流通的，在春秋时代看见诸侯们互相送礼，弄一个璧什么的，那也不是商业化的。”

李山：“礼嘛，礼者礼也，礼尚往来，这个交换大概是完成一种礼节。”

江晓原：“我记得晋文公流亡的时候，不是还有那样一个……”

李山：“僖负羁夹璧。”

江晓原：“对。”

李山：“压在其他礼物之下。”

江晓原：“好像是放在一个食物的下面。”

孔子

李山："对，后来晋文公留了一些食物，把璧退回去，还有就是那个国君，当时要亡国的时候，比方像郑国国君要嘴衔着玉璧，自己捆着自己表示降服。贾宝玉生下来就衔着玉，一种失败的象征？"

李山："说到这儿很有意思，古人把教育说成'玉不琢，不成器'，把教育说成是琢玉的过程。《诗经》上讲，'如切如磋，如琢如磨'，这个在《礼记·学记》当中讲'玉不琢，不成器；人不学，不知道'，后来到了《三字经》就变成'人不学，不知义'，这就说到制玉、琢玉。你看它有几个工序，如切、磋、琢、磨。"

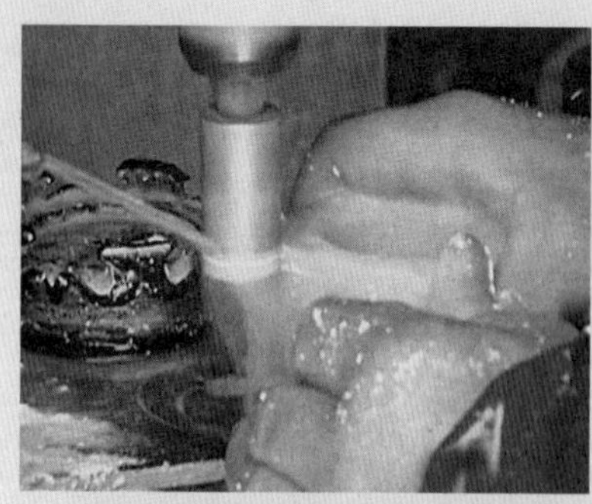

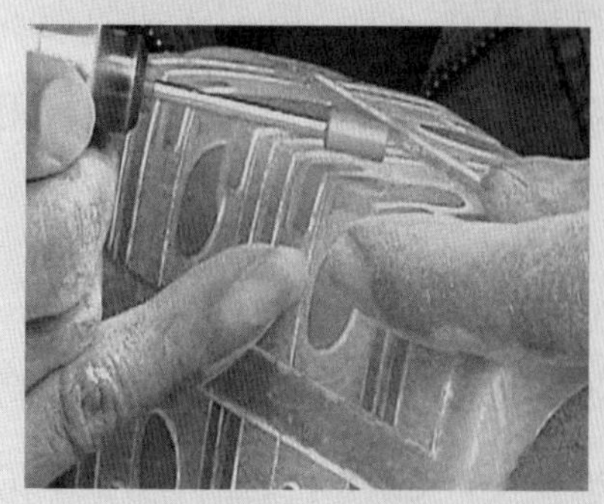

现代玉加工（粗加工）

江晓原："不同的工艺。古人对玉进行切磋琢磨的时候是用比它更硬的东西，另外，一定是效率非常低，比如磨，类似于今天抛光的过程。"

李山："放上水、解玉的砂。"

江晓原："金刚砂。从这种工艺上看，最后它还是有一个逐渐扩展和平民化的过程，因为玉最后已经变成商业化的东西。在中国古代起

古代玉加工

码唐宋时代开始商业化，当作器物买卖，虽然很贵，但是可以买卖，这个时候我相信，加工的技术还是提高了，起码效率提高了，比方说后来也可以有轮子或者什么东西牵引，比如脚踩。”

李山：“机械操作。”

江晓原：“带动那样。”

李山：“产量也就上去了。”

江晓原：“对。另外工艺本身也有一个扩散化的过程，以前皇家养的琢玉工可能有绝学，这个绝学一般人不知道，但是后来肯定会有更多人知道，这时候有更多人从事加工的时候成本可能会下降。”

玉加工方法的变迁

在隋唐之前，国王是最大的玉器占有者，周灭商之后，曾有记载，“武王俘商旧玉亿有百万”，其他人通过赏赐或馈赠的方式从国王那里获得玉器。玉的平民化与制玉技术的进步是密不可分的。

制作一件精美的玉器要经过切割下料、钻孔、再浮雕刻线和抛光多道工序。远古的时候，玉人很可能是在要切割的地方抹上水砂浆，再用细软的竹片、麻绳来摩擦下料的。

从出土的文物看，制玉工艺有一个从平面雕到圆雕的发展过程。

青铜器时代之后，青铜工具和铁制工具也使玉器加工进入了一个新的时期，尤其是砣机的出现使制玉工艺有了一个飞跃。《天工开物》中记载，用盆装上水和解玉砂，脚踏动砣机使铁制的圆盘转动起来，手托着玉料抹上砂浆逼近圆盘琢之。有一首诗形象地描写了玉雕工人的艰辛：“一轮明月照乾坤，茫茫大海并不深。日行千里身不动，两脚悬空赛神仙。”古印度也有着类似中国的攻玉方法。

直到今天，一些偏远地区的家庭作坊里面，人们还在用着近乎原始的琢玉工具和方法，雕琢着那一块块明月般的美玉。

江晓原：“前几年我去香格里拉，那里有一些藏民，主要产业就是加工玉，他们从缅甸买来原料，家家户户都有，出售给旅行者，也有做得相当漂亮的。”

李山：“为了获取更大的商业价值还可以造伪，玉的造伪也是很普遍的现象。”

江晓原：“你对这玉的硬度有概念之后，你可拿东西试，比方说翡翠的硬度比它强。”

李山：“你说的是玉的鉴别。”

江晓原：“有时候就是这样，我把指甲刀拿出来，想划一下翡翠，卖者不肯让我划，因为是假造的。”

（吕洁）

NO. 27 百炼成钢话炼钢技术

越王勾践

“百炼成钢”比喻久经斗争、生活的考验，变得非常坚强。“千锤百炼”也是这个意思。这个成语实际上源自我国古代的一种炼钢技术，讲的是古代工匠对不同含碳量的钢坯反复折叠锻打，多达几十层，这样锻打制成的钢的精品叫作百炼钢。

王知（同济大学教授）：“百炼这个词最早出现于东汉末年，我记得曹操曾经命他的部下做了5把百辟宝刀，分别以龙、虎、熊、鸟、雀命名。”

韩汝玢（北京科技大学教授）：“是这么说的。曹操的儿子曹植专门作了《宝刀赋》这你应该看过吧！”

王知："《宝刀赋》我听说过几句，说了那么几句话叫‘垂华纷之葳蕤，流翠采之晃烊’写这个宝刀的光泽，我当时想，一把平的刀应该发不出这样的光泽，但是分明‘垂华纷之葳蕤’，它是讲花纹这部分。‘百辟’实际也就是百炼利器了，那个时候是不是应当说在刀或者剑上已经有一种特殊的花纹？”

勾践剑

韩汝玢："应该是这样，但是真正找到你说的那5把刀，现在还不知道在哪。”

王知："一把没找到。”

韩汝玢："但是‘百炼’这个词，在《宝刀赋》里形容制作百炼那种生动活泼的场面也有。”

王知："不光是形容花纹。”

韩汝玢："孙权也有一把刀，记载叫百炼。”

王知："也叫百炼。”

韩汝玢："所以到后来百炼这个词不光是刀的名字，可能也有剑，名剑在吴越春秋的时候主要是青铜剑。”

王知："中国人对剑有特殊的情感。”

无论是在历史文献中还是在民间传说中，都有那么一批千古名剑，它们的赫赫声名至今令人心驰神往，以至于一些武侠小说也由此而生，干将、莫邪、巨阙、龙渊、太阿、工布、鱼肠等等，而对这些名剑，人们评价时说的最多的是“巍巍翼翼如流水之波”“文若流水不绝”。这实际上都是在描绘剑身上的花纹。

那么，这些花纹是和名剑一样只是一个传说，还是与名剑共存呢？

春秋时期吴越两国互为世仇，却同以铸剑精良闻名于世，尤其是剑身上的花纹，在2 700多年后的今天神秘依旧。20世纪80年代，上海和北京的科学家曾经对名噪一时的越王勾践剑做过研究，得出了一些结论。但是这把青铜长剑表面的菱形纹饰究竟是如何做出来的，恐怕还需要进一步深入地研究。

钢剑上也有花纹，现在研究认为就是钢的含碳量不同，当含碳量不同的材质来回折叠锻打时，可以在剑的表面显现花纹。

王知："青铜剑上的花纹和百炼钢剑上出现的花纹不是一回事。"

韩汝玢："从成分和制作工艺都不是一回事。"

王知："在现在的生活中，做出宝剑也好，刀也好，谁也不会怀疑它的质量。但我听说那个时候做出来的宝剑和刀有的很脆，也有的很软。据说罗马那时候，剑客之间打仗，或者是战士之间，一剑刺过去以后剑就弯了，回头拿脚踩一踩，把它踩直了，然后第二剑再刺过去，有没有这事？"

韩汝玢："有，我也看过这个。这件事有记载，原因是制作材质太软了。为什么呢？大概公元前1 200年开始，一直到公元14世纪，欧洲做剑都是用一种叫低温固体还原的'块炼铁'。这'块炼铁'是什么意思，简单说一下，就是说用含铁高的铁矿石和木炭燃烧以后还原，因为当时炉子结构不太合理，结果温度不太高，所以得到的是渣铁的混合物，拿出来就得煅。"

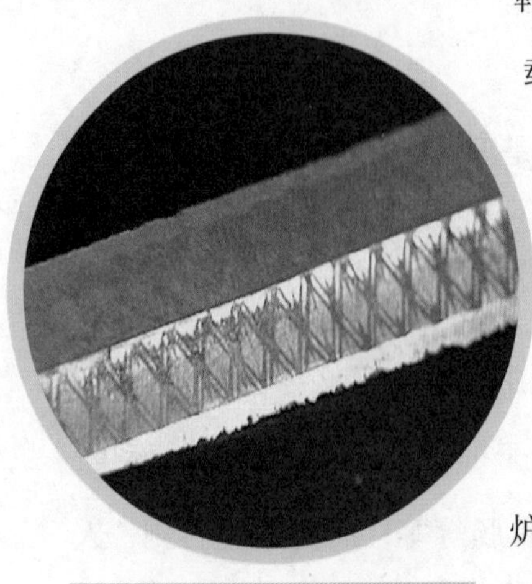

勾践剑上的菱形纹饰

王知："各种渣子太多。"

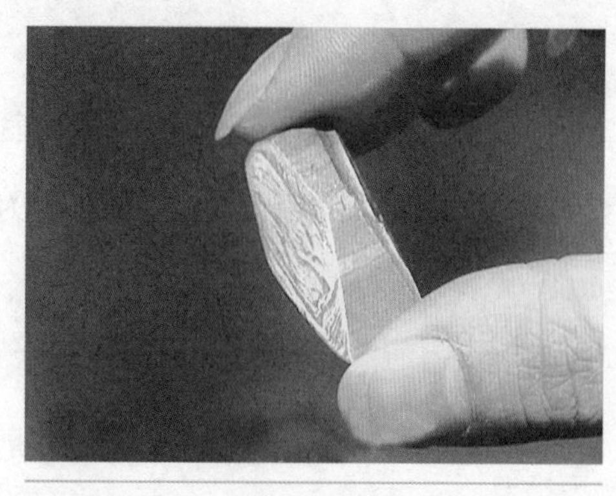

宝剑折叠锻打时断面的花纹

韩汝玢："这种软的块炼铁，如果继续在炉子里加温，那么碳就可以渗进去，就变成块炼渗碳钢，而只有这种钢的东西才能替代青铜，这样对冶铁技术的传播才会起作用。"

铁和钢的区别就在于含碳量的多少。当铁的含碳量小于0.02%时，这种金属叫作熟铁，而碳含量大于2.0%时叫作生铁。含碳量在熟铁和生铁之间的叫作钢，当然，钢里面又根据碳的多少分出了低碳钢、中碳钢和高碳钢。

含碳多，钢铁就硬而且脆，含碳少，钢铁就软。所以生铁是又硬又脆，适合铸造暖气片、农具。而低碳钢适合拉铁丝、软制白铁板。中碳钢硬度中等，适合轧成建筑钢材、钢板、铁钉等制品。高碳钢的硬度很高，适合制造工具、模具等。

王知："据我所知最早冶铁技术，生产出来主要是制造工具，后来慢慢才用到战争中做兵器，或者起码说它仍是平行发展。"

韩汝玢："是平行发展。一般的工农具是用铸造的，我们中国是最早用液体生铁做农具的国家，在世界上是公认的，出土的东西也很多。"

王知："中国出的这些，刚才您说的白口铁是不是相对的脆一些？"

韩汝玢："是。看看白口铁组织，那白条状的东西就是脆性渗碳钢，如果它不再进一步加工，特别容易断，特别脆。中国古代公元前5世纪的工匠发明了。把脆性的东西再加热，加热以后性能就变化了。这就能使组织起变化，刃部变成钢了，强度提高了，不那么脆了。"

王知："这就相当于现在的淬火。"

韩汝玢："这样一来，这个东西就好用了。战国晚期出土的东西是比较多的。都是液态生铁铸成的农具为主，这个农具可以提高生产力，可以扩大耕种面积。用牛耕扩大生产，这样为秦汉的统一，农业的发展，奠定了很重要的、结实的物质基础。"

在秦国统一的问题上，后人多是考究它有着如何先进的武器，有着如何勇猛善战的虎狼之师。秦兵马俑的出土让人看到了历史的一角，但是我们并没有看到先进的秦的兵器。而实际上我们所熟悉的著名兵器都出现在楚、吴这一带。

其实，秦国在当时的历史条件下能够统一中国，更重要的是它重视农业，秦始皇始采纳了政治家的主张，认为只有国富民强，才有能力去攻打其他国家，最终统一中国。著名的商鞅变法就是秦国重视农业的必然结果。湖北出土的秦简实际上就是当时的一部律法，关于使用农具、如何检查牛耕的质量、改良种子、关心水利都有律条记载。所以三国时曹操说："秦人以急农兼天下"。

而农业能够真正发展起来，正是因为当时秦国掌握了先进的冶铁技术，制造出了成套先进的农具。

秦兵马俑

王知："我记得在公元一世纪的时候，罗马有一个学者叫普林尼，他说钢铁的种类虽然很多，但是没有一种能够赶上中国的钢。"

韩汝玢："他说的是钢，我们现在说的这个钢铁是自汉代，发展了一系列的制钢技术。简单地说，第一就是固体脱碳钢、炒钢、百炼钢、灌钢，对于百炼钢和灌钢在宋代《梦溪笔谈》中有记载。”

王知：“应当说这个时候，钢铁的发展在整个国家的发展中已经起到很大的作用，也就是说这个时候已经开始靠冶铁、冶钢致富，已经出现了铁官，出现了铁商。中国的炼钢、炼铁技术，不仅仅像咱们俩说的，在武器和农具有一些发展，在其他行业也有很大的进步，据说特别是在造船、航海、包括其他的交通领域都做出了非常大的贡献。”

秦始皇

韩汝玢：“我鉴定过两把不同的百炼钢制品。”

王知：“您亲自去鉴定的？”

韩汝玢：“一把是山东临沂出土的，错金铭文上面说的是三十炼，端午节做的，为了传世的一把刀。这个经过我们鉴定是百炼的制品，它有‘元初六年’的铭文，实际就是公元112年。另外是一把剑，是在徐州出土的，也有铭文，铭文是‘建初二年’，相当于公元77年，就是说公元一世纪百炼技术已经找到实际的技术制品了。”

王知：“咱们说的百炼实际上是一百次或者多次的锻造，并不是回炉重炼。”

韩汝玢：“不是化了重炼，不可能，就是千锤百炼。你看看这把剑，上面写的是‘直千五百’，就是值1 500块钱，这相当于什么概念？它是公元77年制作完成，我查了公元69年粮食的价钱，当时吃的是粟，1 500块钱买一把剑，在当时相当于买一个人够2年零9个月吃的粮食。”

王知：“很贵。”

韩汝玢:“这种百炼的东西，是属于精品的。”

王知:“中国百炼钢的技术应当说除了在中国以外，在国际上的发展和交流也很多。”

韩汝玢:“主要是通过朝鲜半岛到日本。日本百炼技术相对比较多，他们有百炼刀出土，还有72炼出土，还有7支刀。公元5世纪日本开始做刀，他们现在认为，这个制刀的技术、制剑的技术是从中国传过去的。在唐末的时候，公元9世纪末10世纪初的时候，印度的制钢技术也挺不错，它也出口到国外，出口到哪儿？到非洲。”

韩汝玢:“制造这种钢，他说这钢是中国的，实际上是他们的，冒名说这铜是中国的。”

王知:“打中国的牌子。”

韩汝玢:“现在我有一个朋友，是美国人，他叫Boyd，专门研究中国和日本的花纹刀剑。

他到日本留学，他学习到了那些传统的办法，回到美国自己开了

商鞅

古代的农具

一个作坊，专门给人家磨制刀剑的花纹。”

王知：“把锈的剑刀磨出来，那时候出现的花纹，并不是人为地想做出来的龟裂纹、水波纹。”

韩汝玢：“只有含碳量不同，用的料不一样，折叠，锻打，表面经过磨合侵蚀以后才能见到这种花纹。我到日本去，访问过一个传统的制刀工匠，我看他的原料就是中碳钢、高碳钢和低碳钢，不同的部位放不一样的钢，这样折叠，那样折叠，折叠方法不一样。他有一套绝活，制作出来的东西，我要水波纹就是水波纹，我要什么纹就有什么纹。”

（吕洁）

NO.28 炉火纯青与古代控温技术

动画片《大闹天宫》中的太上老君炼丹炉

“炉火纯青”原指古代道士炼丹成功的火候，后演变用以比喻技艺或学问、修炼达到精粹完美的境界。古代炼铜和烧制陶瓷远早于炼丹，而这一切的成功基础是古人对火候的掌控。

王知（同济大学教授）:“其实不论炼丹还是炼铜，成败的关键是火候。”

韩汝玢（北京科技大学教授）:“您说得太对了，炉火纯青四个字中的‘炉火’就是火候，确是从炼丹来的。但炉火纯青这四个字作为一个成语，我查了一下，是在晚清时候的小说《孽海花》里才把这四个字连在

孙悟空在炼丹炉里练就火眼金睛

一块的。从‘炉火纯青’冶金学含义来说，《考工记》里头就有记载。”

王知：“那时候火候的控制，据说主要是靠看火焰的颜色，温度低的时候，是偏红的，温度最高的时候，就呈现为青色的，所以用炉火纯青，是不是可以这样理解？”

韩汝玢：“这是现代人的理解。在《考工记》里面，记得没有这么明确。现在咱们要把炉火纯青的科学含义稍稍精确地分析一下：这个炉火就是指温度，温度怎么达到，需要用燃料。炼丹的时候，火候是怎么掌握的，靠用文火和武火微调。”

王知：“一文一武，怎么回事？”

韩汝玢：“文火和武火，取决于用不同的燃料，用牛粪、马粪、糠皮等燃料烧出来的火就是文火；武火就是用木炭烧出来的。”

在熊熊大火中，孙悟空在太上老君的炼丹炉里烧了七七四十九天，没有丧生，反而练就出了一双火眼金睛，就是因为他偷吃了太上老君的不老金丹。但在现实世界里，金丹无论是在炭火还是粪火的烧制下，都没能让那些渴望长生不老的帝王们获得永生。从古代留下的文献上分析可以知道，丹药的原料多是汞、铅、硫、砷等有毒物质，所谓炼就是用文火和武火反复交替烧制，最后得到了汞、铅、砷化合物，也就是所谓的“金丹”。当然，今天我们

老子的炼丹炉

龙窑

知道，食之者只会中毒，如何谈得上永生呢？所以炼丹之术从宋代之后就走向了衰败。

王知："那时候主要的燃料应该是木炭。"

韩汝玢："对。不管是炼丹或冶铜、冶铁统统是用木炭。木炭一般是用栎木，栎木比较硬，火力比较大，而且可以就地取材的地方挺多，但是山西用的就不一样，用的不是栎木是江木，江木也是一种特殊的木头。"

王知："也是硬木。"

韩汝玢："江木大概是500千克的原木能够产100千克的好木炭，冶铁的时候，炼一吨的生铁在古代大概是要用三吨到四吨的木炭。"

王知："什么时候才开始用煤了呢？"

韩汝玢："用煤，咱们国家是比较早的，在汉代就有，当时不叫煤，叫石炭。"

王知："石炭。"

韩汝玢："石炭是煤的最早记载应该是在《山海经》里，汉代时在河南的铁生沟、郑州古荥，还有山东的岭平等好多地方，都有煤和煤饼出土。一般是用来烧窑，不是炼铁的。"

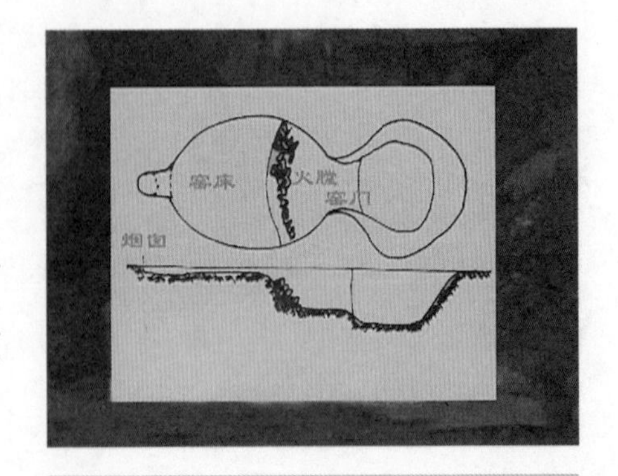

室型窑

王知："说到窑我想起来，炼丹也好，炼铜也好，这个窑的形状应该是有很大变化的。"

韩汝玢："它跟温度的控制很有

关系。在我们国家比较早，公元前4 000到公元前2 000年的时候，陶窑的结构主要特点就是烧火的地方和窑室是分开的。”

窑室结构

烧制温度和窑炉的结构密切相关，在古代工艺发展史上曾经有过两次突破。第一次是商周时期，出现了龙窑和室形窑，龙窑向上倾斜的坡度和长度，以及室形窑的烟囱都使这两种窑有了更大的抽力，这个时期的最高烧成温度达到了1 200摄氏度。到了隋唐时期，河北等地区出现了大燃烧室、小窑室和多烟囱的小型窑，这种窑室结构把烧成温度提高到了1 380摄氏度，这是第二次突破。正是由于古人对温度的掌控，才使中国最早炼出了液态生铁，才使中国的陶瓷闻名世界。

王知：“我看过一个电影叫《祭红》，说的是当时有一个烧瓷器手艺非常高的工匠，他要烧一个祭红大瓶，怎么也达不到这个火候，最后他的女儿纵身跃入窑里头去，最后烧出来的瓶子特别漂亮，是吧？”

韩汝玢：“不能炼铁，女儿跳进去；不能炼铜，女儿跳进去；铸不出来钟，也是女儿跳进去，这些都只是传说。”

王知：“实际上是表示对于温度的调控，希望温度更高。”

韩汝玢：“这是跟人跳不跳进去没有关系。但是我觉得陶器后来变成瓷器，这种窑陶掌控的温度是有很大学问的。”

红瓷的烧制

祭红的故事是一个美丽凄婉的传说，任何一件处于极品位置的艺术品，似乎都有一段裂人心肺的经历。祭红的色彩凝重，高贵肃穆，宛如雨后初晴时一片红霞的天空。明代祭红烧制技术一度失传，20世纪初期，这一技艺再度失传，直到20世纪80年代，祭红瓷器再度重现人间。

中国古代红色瓷器一般都是以氧化铜作为发色剂在高温状态下烧成。在唐代长沙窑之后，宋代均窑把铜引入不含铁的青釉中烧制出色彩艳丽的红色钧瓷。红铜釉的瓷器生产在明代的景德镇达到了高峰，不过它仅持续了很短的时间。明嘉靖年间，铜和釉器失传。于是，出现了用氧化铁做着色剂，在低温下烧成的铁红釉瓷器。

王知："那时候对于温度的控制是不是像你开头讲的，炉火纯青主要是靠看颜色？"

韩汝玢："看颜色也有窍门，有人告诉我景德镇的老师傅怎么看火，除了看火苗以外，用什么办法，淬口唾沫，淬到炉壁上，就知道温度怎么样，达没达到要求，该不该出炉。"

王知："看它沸腾时候泡的大小？"

韩汝玢："看时间，还有看出来的蒸汽。"

王知："据我所知，在生活中检

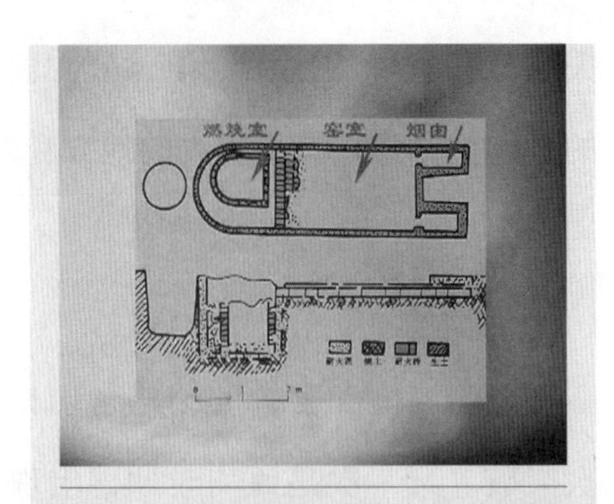

小型窑

铁红釉瓷器

祭红的传说

验水开没开，说往水泥地上一浇，如果噗的一声就表示是开水；如果不是，温度不够，就没有那一声。”

韩汝玢：“古代凭经验掌握火候也很微妙，有很多绝活。20世纪80年代，我上山西去考察冶铁，他们告诉我怎么看火色，怎么看水色。看火色就是您刚才说的，出铁口时候火焰的颜色，不是说看由红变白，是看如果发亮、发白，说明温度够高；如果发红、发暗，就需要鼓风、加矿、加炭。根据火焰具体情况进行调节，这叫看火色。看水色是什么意思？看铁水的温度够不够，铁水的温度该不该出炉。老师傅就拿勺子舀一小勺，也淬口唾沫，看它冷却的情况；颜色的变化，需要鼓风还是不鼓风，或者加料还是怎么办，看看该不该出炉。”

窑口的火焰

王知：“都是靠自己的经验。”

韩汝玢：“我淬口，什么也看不出来。那天我们两个人看着师傅觉得特别奇怪，老师傅的经验是非常宝贵的。”

王知：“过去老师傅靠的这些经验不是一年两年练成的，但是现在有很多科学仪器就容易多了。我听说在景德镇一个年轻人要学习烧制瓷器的技术，大概需要半个月就基本上能把火候控制住。”

古瓷的追踪

掌握火候是炼制成败的关键。古代窑工完全是凭经验掌握火候，他们从5岁起就随爷爷在炉口看火焰的变化，根据变化选择时机加柴或封火，烧制瓷器的温度和火候，凭眼睛一看就知道了。勤奋加悟性，中国这些能工巧匠才烧出了那些令人叹为观止的古瓷。烧制陶瓷使中国古人很早就掌

现代瓷器

握了高温技术，中国是最早炼出液态生铁的国家。

韩汝玢："炼锌的时候，也是凭经验，看锌火，锌火叫什么，叫'狗耳朵'。"

王知："狗耳朵？"

韩汝玢："出来的金属锌是气体，真正要是变成金属锌的固体，必须要冷凝，老祖宗们挺厉害，在反应罐里头拿泥巴做一个斗，锌蒸汽就出来了，出来以后，金属锌蒸汽遇到冷盖，冷了以后就凝固，凝成一个饼，其他的氧化锌，或者二氧化碳、一氧化碳从耳朵口出来，形成了一个火苗。"

王知："气体的耳朵。"

韩汝玢："这是气体燃烧的火耳朵，所谓'狗耳朵'。"

韩汝玢："根据'狗耳朵'火焰的颜色大小和情况来判断温度是多少，反应是不是结束了。"

王知："咱们说了老半天高温，人们拿木材木炭烧的时候可以烧出高温来。但是夏天的时候，人也不太喜欢高温，希望温度能够再低一点。"

韩汝玢："清朝老佛爷，有专门制冰的冰库。在现在的中关村有一个冰库，是专门给老佛爷做冰块的。"

王知："据说那时候就从河上，或者湖上，开出一些自然冰，然后在三月份的时候，大家把那些冰储存起来。"

（吕洁）

古瓷

NO.29 吐故纳新与养生术

春秋战国时代的思想家庄周

“吐故纳新”源自《庄子·刻意》:“吹响呼吸，吐故纳新。熊经鸟申，为寿而已矣。”用在人的生理上讲的是，人通过口、鼻呼出浊气，吸进新鲜氧气。如今引申则用来比喻机构或组织扬弃旧的、不好的成分，吸引新的、好的成分。

庄子使用“吐故纳新”这个词实际上与古代养生有关。

王知（同济大学教授）:“提起‘吐故纳新’这个词的出处，有两个地方是最有名的。一是《庄子·刻意》，这可以算是‘吐故纳新’的原始出

《庄子》里的鲲鹏展翅图

处；另外一个是1968年5月20号新华社播发的一段毛泽东的批示，大意是这样的：一个人，呼出二氧化碳，吸进新鲜氧气，这是吐故纳新。一个无产阶级的党也要吐故纳新，才有朝气。所以我觉得从这两个最有名的出处可以看到，吐故纳新有两层意思，一个是保健养生，第二个就是治理。”

廖育群（中国科学院教授）:“是。说起‘吐故纳新’，人们也就很容易联想起中医常常讲到的养生，这和老百姓的生活密切相关。通常都会认为，‘养生学’是从庄子的著作中出来的，确实这个词是出现在庄子的书中。庄子有一篇文章叫《养生主》，讲了一个寓言故事，说文惠君去向一个庖丁学习养生之道（庖丁解牛）。还有一个例子说有一个叫单豹的人和另外一个人，他们两个人之中有一个人特别注重养生，自己身体的内脏都保持非常好，但是被老虎吃掉了；另一个人每次出门都特别小心，不会遇到任何危险，但是内脏坏了，也是死了。最终两个人都死了。庄子通过这样一个寓言故事，其实要说的并不是养生，而是为了说明治理社会的时候不能偏执一端。李泽厚先生在写《中国古代思想史》时就明确指出，先秦的思想家都是政治家，而不是医学家或者养生家。”

王知 :“庄子是继老子以后在道学方面非常有名的大学者。庄子这个人，是不是真正懂中医理论，庄子到底又是个什么人物?”

庄周是战国初期人，最高做过漆园吏。他不肯用学问换取荣华富贵，一生自甘淡泊，安贫乐道。据说有一次梁惠王召见他，他穿着打补丁的衣服，用麻绳当鞋带去见梁惠王，梁惠王同情他的贫困，他却说，衣衫褴褛只是穷，而有道却不能施就是潦倒了。现在我生在乱世，国君昏乱，相国乱来，我有什么办法呢？梁惠王被噎得无话可说。

庄子穷了一生，也快活自在地过了一生。

卢梭

《庄子》将庄周的思想集为一册，由内篇、外篇和杂篇三大部分组成。这部书对后世的读书人影响极大。其中的内篇，人们认为是庄子自己写的，文章都是议论和比喻交错使用，比喻都是趣味性强的寓言故事，寓意深刻。“鲲鹏展翅”和“庄周梦蝶”都是脍炙人口的名篇。庄子内篇中的思想对后来中国佛教禅宗的产生起了很大的作用。

比起西方的卢梭和那些现代浪漫派，庄子应该是最早也是最彻底追求理想人格和人生境界的人了，他认为回到自然才能够恢复和解放人性。

王知：“说起庄子，说起养生，很容易联想起那些鹤发童颜的道士和他们炼的长生不老的仙丹。”

廖育群：“通常不太容易区分道家和道教，你所描述的那些形象一般通常是道教中仙人的形象。道家的思想到了汉代，也进行了一些改造，和医学的关系可能更密切了。‘恬淡虚无，精神内守’等这样一些内容后来被医学也引入进来，像老庄书里边讲到的呼吸功法，在1973年湖南马王堆出土的汉墓的记载中，都有很多相吻合之处，其中有对呼吸、吐故纳新的记载。《黄帝内经》这本书大家都比较熟悉，是现存最早医学经典，其中有很多关于养生的内容。”

华佗

王知："《黄帝内经》实际上就是在讲调气、调精、调身，也叫调气、调息、调身。我觉得它应该算是气功一个很主要的内容。"

廖育群："气功也很复杂，说起来可能有很多故事，内容涉及广泛。我们现在讲跟养生有关的最简单的方法就是让人在精神上保持松弛，通过深呼吸来调整身体达到健康状态。气功可以分为动功和静功。如果我们提起静动，可能就是我们现在讲的吐故纳新，也就是与呼吸的关系最密切。"

王知："吐故纳新也是气功很重要的组成部分。"

廖育群："讲到动功的时候就会牵扯到一些类似于现在说的医疗体操这样一些内容。"

王知："您说动功我想起华佗的五禽戏，好像讲的是一个人，要学虎、熊、鹿、猿、鹤，学习这几种动物的各种动作，自己练习，用来养生。"

华佗、张仲景和扁鹊被称为中医三大祖师，华佗则被称为外科之祖，他的"麻沸散"解除了无数病人开刀动手术的痛苦。而他给关羽刮骨疗毒的故事在民间更是广泛流传。华佗的另一建树就是提倡体育锻炼，在先秦的导引术的基础上首创了五禽戏。

由于虎、鹿、熊、猿、鹤这五种动物的生活习性不同，活动的方式也各有特点，或雄劲豪迈，或轻捷灵敏，或沉稳厚重，或变幻无端，或独立高飞。人们模仿它们的姿态进行运动，正是间接起到了锻炼关节、脏腑的作用。而正是通过肢体的运动才得以全身气血流畅、祛病长生。

中医认为，五禽戏是一种行之有效的养生运动。现代医学也研究证明，五禽戏是一套使全身肌肉和关节都能得到舒展的医疗体操。它在锻炼全身关节的同时，不仅能提高肺功能及心脏功能，改善心肌供氧量，还能提高心脏排血力，促进组织器官的正常发育。

张仲景

王知："说到这儿，我有一个好玩的故事，我个人在老年合唱团学习唱歌，在练习美声唱法的时候，呼吸的方法与平常的方法是不一样的。指挥让大家回家以后，四肢着地，足跟着地，这个姿势调息好以后，美声唱法的呼吸就练得很棒了，我不知道对不对？"

廖育群："这可能是他们的一种技法。华佗是东汉末年到三国时期非常有名的神医，本身是一个儒家人物，最终被曹操杀掉了。"

王知："据说华佗被杀的时候，头发乌黑，身体非常棒。"

廖育群："这跟他练五禽戏有很大关系。"

王知："两个弟子都活了一百多岁。"

廖育群："五禽戏之所以选了虎、鹿、熊、猿、鹤，是和中国儒家学说也就是与分五行学说有关系，各选择了一种动物。代表五行，模仿它们的动作，也是和人的五脏相关，不同的内脏有病的时候适合选择不同的动物。"

扁鹊

王知："中国的古代是很讲究养生的，孔老夫子活到73岁，所以才出了名言，叫‘三十而立，四十而不惑，五十而知天命，六十而耳顺，七十而从心所欲，不逾矩’。他还有一个三戒说，少年时气血未定，戒色，就是戒贪怀和纵欲；中年时血气方刚，戒斗，戒争权斗胜；老年时气血既衰，戒患得患失。像我属于老年，这种时候照孔子的说法就是不要患得患失再计较得失了。”

廖育群：“我不知道是哪本书里有一段文学说，少年取‘秀’，就是说少年的时候要有一个秀面貌；中年取‘英’，中年的时候要英姿飒爽；老年取‘爽’，就要恬淡虚无。”

王知：“养生到后来的时候，我记得好像都变成顺口溜，孙思邈称其为‘十三术’，叫‘上七中三下三’，所谓上七指‘发常梳，目常运，齿常叩，漱玉津，耳常鼓，脸常洗，头常摇’；中三指‘腰常摆，腹常揉，摄谷道’，摄谷道就是提肛了；下三指‘膝常扭，常散发，脚常搓’，简称叫十三术。”

廖育群：“说到孙思邈，一般史

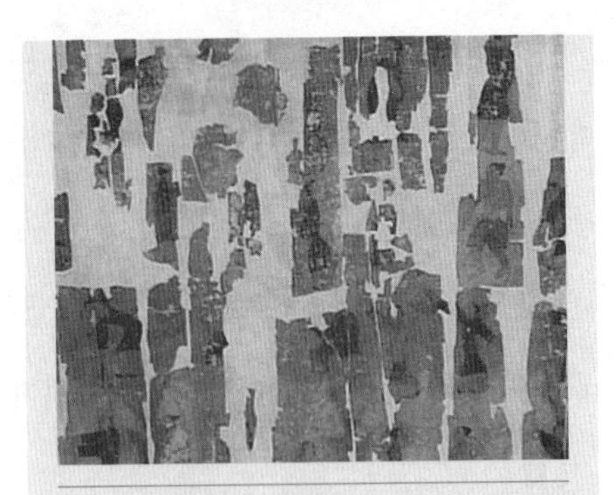

先秦帛画——导引术

五禽戏

现代人习练五禽戏

学家考证他也是活了一百多岁的，一个儒、士、道三教兼通的人物，非常了不起。他的著作《千金方》和《千金翼方》都是30卷的大部著作，其中记载了很多养生的方法，从修身养性、史料药料以及房中术等，几乎包括了养生学各个方面的内容，在唐代做了一个集成式的记录。”

华佗彩塑五禽戏

王知："总之一句话，只有吐出去那些旧的东西，吸收那些新鲜的东西，使人的身体也好，社会也会，都能保持一个健康向上不断发展的势头。"

廖育群："呼吸本来是非常自然的事情，但是古人赋予了它很多深刻的内涵，以及新的形式。像汉朝的名将张良，协助刘邦夺得天下之后，辞去了宰相职务，隐居深山修养生术，按照《汉书》记载，张良行的是辟谷术，就是不吃食物了。"

（吕洁）

NO.30 以毒攻毒与中医理念

从植物中提取制药的配方

“以毒攻毒”是中医上的用语，意思是用含有毒性的药物来治疗毒疮等恶性病。后人引申为用不良事物本身的矛盾来反对不良事物，或利用恶人来对付恶人。

王知（同济大学教授）:“‘以毒攻毒’这个词是出自明代《辍耕录》，原文是这样的:‘骨咄犀，蛇角也，其性至毒，而能解毒，盖以毒攻毒也。’从这里引出这个词，叫‘以毒攻毒’，以后就成了一个成语。”

廖育群（中国科学院教授）:“以毒攻毒，对我们日常生活来说，可能

从蛇毒里提取药的配方

也不陌生，像蝎子、蜈蚣这些有毒的小动物现在都被搬上餐桌，大家吃得很普遍，过去都是作为一种有毒的药物，用来专门治疗某些疾病。在中医最早的医学经典，就是我们熟知的《黄帝内经》里边，也有类似思想的表达。比如说我们都知道孕妇有些药是不能吃的，吃了怕流产、胎动等等，但是如果要有一些特殊的疾病，那就必须要使用这样的药物才能够治疗。”

中国古代的痘神

医药学刚刚起步时，人们从植物中提取物质来配置药方或治疗疾病。现在，富有积极意义的新兴医药学开始从动物身上提取所需的物质。

人类发明的许多抗生素、盐溶液以及疫苗无非是对其他生物、天然产物的模仿。例如，用许多真菌生产天然抗生素来抑止某种细菌的增生繁殖，青霉素就是其中最著名的例子。我们一直以为青霉素是技术产品，实际上，它不过是真菌为了防止细菌抢夺食物而分泌出来的

古人从鼻孔接种

一种防御物质。

毒素的产生最初完全是为了抵御掠食者的贪婪。由此说来，静态的生命形式，尤其是植物王国的成员能够成为地球上最出色的制药专家不足为奇。但有些动物也学会了把植物的化学物质溶入体内。

人类虽然不能像动物那样在体内积聚毒素，却懂得如何模仿这一策略。比如蛇毒，人们进行了大量的研究，相关的研究结果表明，蛇毒首先具有预先消化的功能，其成分的75%是酶。由于神经毒素和血毒素的作用，它们的效力非常强劲。被蛇咬伤的猎物会由于呼吸衰竭而死亡。经过反复研究，我们今天已经能够利用蛇毒制造新药，治疗各种疾病，其中包括心脏病、血栓症、高血压、帕金森症、脊髓灰质炎、风湿、癫痫、关节炎、利什曼病、癌症等等。这样说来，我们本不应该如此讨厌蛇类。

毒素对不同的物种产生不同的影响。它可能导致死亡，也可以治疗伤痛。对某些物种致命的物质却能给其他物种带来福音。

王知："在中医理论中，认为一个人得病是不是认为他就中了一种毒？"

廖育群："这有两种观点，一种观点认为，人身的气血阴阳的平衡失调等，是疾病的主要原因。"

王知："那么这种是不是可以叫'携毒'？"

英国医生琴纳

廖育群："对。还有您说的可能是一种，注重自然界的风、寒、暑、湿、燥、火，这六种气，正常时候叫六气，不正常叫六淫，这些侵害人体以及其他各种毒蛇猛兽造成的伤害，最终归纳成三条原因，即内因、外因，还有一个不内不外因，三条原因造成的疾病。”

王知:“实际上也就是说，中医理论中以毒攻毒，在某种程度上以一种元素，去平衡另外一种元素，能不能这么讲?”

廖育群:“去克制，这个思想在日本的汉方医学当中表述得更加明确。日本汉方医学就是从中国传过去的，但是到了江户时期，有很多发展，随着文化的普及，其中有一个学派叫古方学派，特别注重使用汉代张仲景《伤寒论》的药方，其中有一个非常具有代表性的人物叫吉益东洞，提出所有的药物都有毒，没有毒就不可能是药物的观点。”

王知:“是药三分毒。”

廖育群:“他用一个‘能’和一个‘毒’两个字来表达。毒就是它的能，能也就是它的毒，所以他说，想治病的时候，怎么会有补药呢?人参也是一种毒，也是在针对一种特殊的病症发挥作用。甘草也是一种毒，也是在针对一种病症来发挥作用。这样在日本的汉方医学当中，就形成了代表性的学派，就是对症下药。有什么症，我就用什么药，我用毒去治疗你们的病，就诞生了这样一个学派。”

王知:“这种‘以毒攻毒’学论也好，或叫作中医理论也好，在国外能被接受吗?”

廖育群:“说起来很有意思，西方有一个传统的医学派，叫作‘顺势疗法’，在中国的文献当中被翻译成‘以毒攻毒’。为什么叫顺势疗法?他们认为，使用一点点小剂量的物质可以把某种疾病克服掉，这样小剂量的东西，与你的疾病可以有一种特殊的关系，所以使用这样的东西能治疗某种特定疾病。与之相对应的就是‘对抗疗法’，主张要用相反的药物，你是寒我就用热的药物，你是热我就用寒的药物。那么顺势疗法实际上就是你是热我要用热，你要是寒我也要用寒。”

王知："顺势疗法实际上更倾向于以毒攻毒，而那个逆向疗法，或者可叫平衡疗法。"

廖育群："这两种疗法实际上势均力敌，并存于西方以及印度的传统医学当中。"

王知："我记得咱们中医最早用药的时候，大部分用的是中草药，后来发展到动物也能入药，甚至于包括一些动物的粪便都可以入药了。那么西药中，感觉最清楚好像他们大量用的是各种化学元素，那么这两者之间有没有什么关系？"

廖育群："理论上应该讲没有绝对的区别，正如我们所熟知的阿司匹林、水杨酸钠，就是从柳树当中提取的。"

王知："就是从柳树提取的啊！"

廖育群："我们现在使用的麻黄等，都可以提炼麻黄素，玄胡可以提炼有效的成分，去制成各种化学药物，这些原则上是没有区别的，但是提炼出来的化学药物和天然药物的作用还是有所区别的，这就是一种区别。"

王知："说起以毒攻毒我想到一件事，不知道有没有联系，现在咱们接种各种疫苗，是不是就是一种以毒攻毒的办法。"

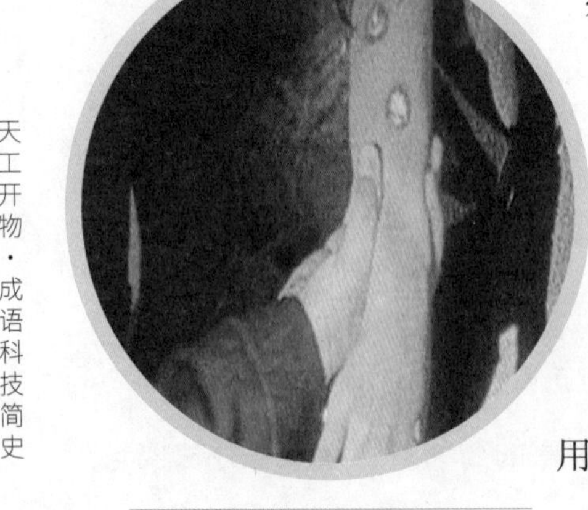

挤奶姑娘身上的牛痘

廖育群："您讲到这个，肯定和中国的人痘接种有关。中国人过去认为，天花是因为你天生带有一种胎毒，母体的胎毒，每个小孩都可能出天花。你身上有胎毒，我怎么能够把你的毒消灭掉，我用另一个出过天花小孩结的痂，或者说他穿的衣服，通过鼻黏膜，或者皮肤，把所谓另一个身上的毒接种到你身上，把你身上的毒引导出来，这样就不会再出天花了，也可以解释成一种以毒攻毒的方法。”

患了牛痘的挤奶姑娘

我国古代把天花称为“痘”，得了“痘”的人，轻者成为麻子，重者丢掉性命。在16世纪，我国发明了种痘技术，就是把天花病人身上的干痂研磨成粉末，把这种含有天花病毒的粉末吹入小孩鼻孔，他就会染上轻度天花，这样，等体内有了抵抗力，就不会再得天花了。这种人痘接种的方式在唐代已经趋向成熟，但主要还是在民间秘传，应用并不广泛。到了明代以后人痘接种法开始盛行起来。在清代，康熙皇帝十分重视人痘预防天花的推广，有关幼儿种痘的方法也被收入了钦定的医学教科书，官方的提倡和推广使得接种技术有了很大提高。

这一做法引起其他国家的注意和仿效，但人痘接种有一定的危险性。英国的乡村医生琴纳发现得过牛痘的人便不会染上天花，所以乡下有挤奶姑娘漂亮的说法，因为她们当中没有麻子。他物色到一个患了牛痘的挤奶姑娘，将她手上牛痘疱疹里的脓液，接种到一个孩子身上，孩子出现了患牛痘的症状。两个月后，琴纳再次给那个孩子接种，这一次却是天花的脓液，这个孩子却没有染上天花，琴纳的实验获得了成功。牛痘接种的方法很快被中国人接受了，因为当时的中国人认为牛比人温顺，所以接种牛痘只会比接种人痘安全。

用牛痘接种

王知："我听说有人得了狂犬病以后，好像也是要用有狂犬病的狗身上的一些东西，打到他身上。"

廖育群："这在葛洪的著作中有记载的，也是被作为非常有创建的一个医学发明。我们其实应该从中更多看到的是一种原始的思维方式，就是同气相求的观念。相同性质的物质有一种相互吸引的关系，这在英国人类文化学家弗雷泽所写的《金枝》当中，把它称之为相似律和接触律，一旦接触过的东西，彼此之间联系会永远保存。中国民间会比较注重如何埋小孩的胎盘，这将会影响到他将来的一生。祖坟要风水好，会影响到后代，这都是一种交感巫术的思想。因为被狂犬咬了，所以我把狂犬的脑子取出来敷在你的伤口上，会把他的毒素引导出来，也可以说是一种以毒攻毒的方式。"

王知："如果有人被狗咬了以后，送到医院，首先要打狂犬病疫苗，这个疫苗是不是也是从狂犬身上提炼出来的？"

廖育群："应该是，它是一种抗病毒的血清，通过培养获得了一种抗体，然后把它注射到人身上，对抗狂犬病毒的。"

王知："某种程度上可以说，以毒攻毒既可以治病，也可以防病。但是在政治上好像还有另外一层含义。"

廖育群："中国的成语大都是可以从一个具体的事情，延伸到很多领域。"

王知："从'以毒攻毒'延伸的另一句话，叫作'以其人之道，还治其人之身'。这恐怕也算是最熟知的以毒攻毒了。"

检查接种者的身体

（吕洁）

NO.31 以管窥天与天文观测技术

古人用窥管观测天象

“以管窥天”出自《庄子》的《秋水》篇，魏牟曾经教训思想家公孙龙，说他对事物观察不够全面。用于自己则表示谦虚。相关的成语还有管中窥豹、以蠡测海，日本有吹火筒看天等等。但是古代的天文学家就是用管子来观测星星的。

其实以管窥天这个成语有双重用法，一种用法是表示这个人见识很少，以管窥天只能见到一小点东西，就跟井底之蛙类似。后来有自谦的说法，说管窥蠡测，以蠡测海，带有谦虚的意思。

以管窥天，从字面意义上，拿一根管子看天，这好像是一个很滑稽的事情。其实天文学上确实需要，因为观测天象的时候，只是泛泛看看没问题。但是如果想测定一个坐标的时候，就需要在仪器上模仿出一个坐标来。比如要测定赤经，就需要有一个赤道的环，让这颗星落在赤道平面的某个位置上，这个时候才能读出它的赤经来。

元代天文学家郭守敬

在望远镜发明之前，古人是用一根两端口径相等的竹管或铜管观测星星的，这就是窥管，又叫望筒。它可以说是天文望远镜的鼻祖。窥管可以避开背景光的影响，又可以缩小观测范围，加上管壁上的刻度，就可以跟踪星星了。

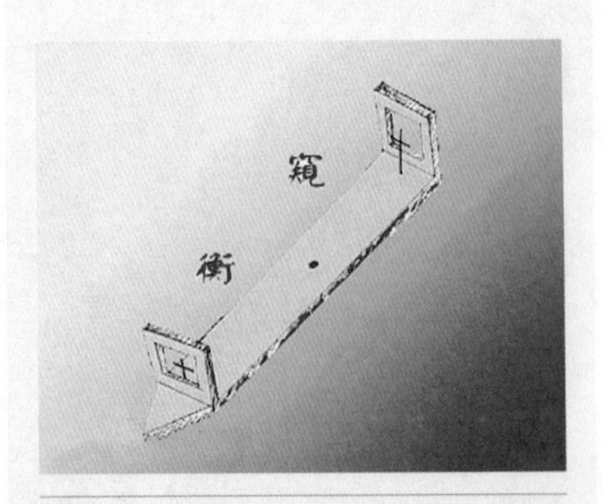

窥衡及十字丝装置

由于管壁反光造成观测的不便，到了元代，郭守敬在窥管的基础上发明了窥衡，这比惠更斯的长焦距望远镜早了三百年。惠更斯的望远镜在风吹时是无法工作的。

古人在白天看到超新星爆发

为了增加观测的精确度，郭守敬还在窥衡的两端加装了“十”字装置，这是现代精密望远镜中“十字丝”的鼻祖。

由于天文学家的行为不为常人所接受，所以天文学家是经常受到讽刺的。古希腊著名天文学家泰勒斯因为看天摔了一个跟头，就被女仆所嘲笑。

回过头来看窥管，它的主要目的不在于观测，而在于测量，可以说它相当于一个坐标。其实各个民族都会有自己的坐标，中国古代也有自己的坐标。只有有了坐标，观测才会有意义。比如说古代中国对超新星的观测。

公元1054年的一个清晨，熙熙攘攘的北宋国都开封街头，突然有人指着天空惊呼：“看哪，那是什么？”白日当空的天际出现了一颗明亮的星星。一开始的惊讶转瞬变成了恐惧、敬畏。

这颗“不速之客”在随后的二十多天里一直出现在阳光普照的天上。这便是著名的超新星。

一颗恒星在它生命的最后阶段，有时会发生爆炸，其亮度可以增加到原来的一千万倍以上，其景观壮丽无比，这就是所谓超新星。

从出现到消失，经过了整整两年的时间。宋朝的天官仔细记录了它出现的时间、地点和两年间亮度的变化。这是世界上第一次对超新星的爆炸做出了完整的观测记录。由于这个超新星已经被观察很长时间，所以可以推测，窥管一定指向过它。中国古代的天文仪器中，大家最为熟悉的当然不是窥管，而是浑天仪。

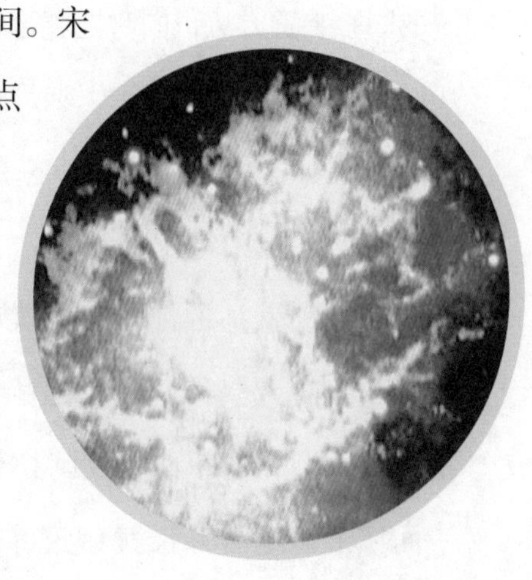

宇宙中的超新星爆发

浑仪还有浑象是我国传统的天文观测仪

浑仪

器，有据可考的最早的制造者是西汉的落下闳。“浑”古语是圆球，人们把窥管装在一个四游环上，在外面又加上了赤道环和其他天体生标圈，这样通过窥管的转动，在环圈上就可以读到星星的方位数值。浑象是一个球体，上面刻上各种特征天象，浑仪和浑象统称浑天仪。

浑天仪的制作基于某种宇宙理论，我们所熟悉的是盖天说和浑天说。“天似穹庐，笼盖四野”是对盖天说的形象描述，所谓“天圆地方”便来自盖天说。

浑天说的代表人物是东汉天文学家张衡，他认为：“浑天如鸡子，天体圆如弹丸，地如鸡子中黄，孤居于天内，天大而地小。天表里有水，天之包地，犹壳之裹黄。”他在前人的基础上制成了漏水转浑天仪。

到了元代，郭守敬对浑仪进行了大胆革新，他保留了浑仪中最重要、最必需的两个圆环系统，分为赤道、地平两个装置，它们各自独立，改变了传统的同心装置方法，同时把窥管改成了窥衡，所以人们称它为“简仪”。

如果仔细观察，会发现无论是在哪个国家，窥管和天文学家的形象总是放在一起，像西方留下来的一些绘画，一些描绘古希腊的天文学家的绘画，甚至中世纪的绘画，上面常有窥管的影子。有一幅名画，据说画中的人物就是古希腊著名学者托勒密，他站在一个宽阔的平台上拿一根管子在看天。我们中国更喜欢做大型仪器，因为仪器越大刻度可以越精确，大型化的东西传到阿拉伯就发展到极致，他们把象限仪做在整个一面墙上。这时弧长就会变得很长，每一个角分、角秒的刻度就可以刻得很大，所以很精确。在西方还有很多比较精巧的星盘，而星占学家的形象经常是拿着一个星盘，用一根绳子在梁上、树枝上挂起来，然后照准星来观测，这实际也是以管窥天的形式。

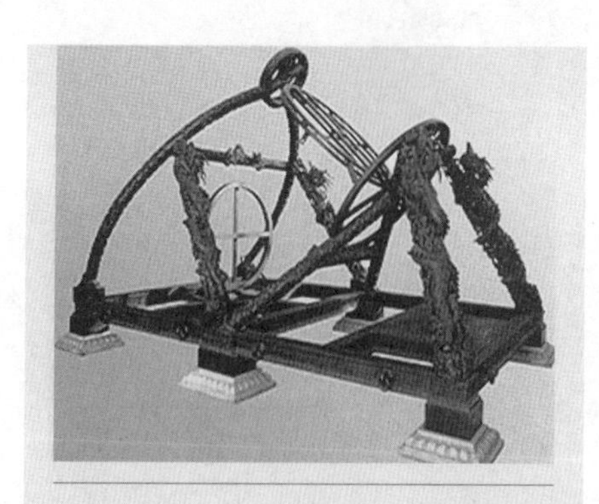
简仪

有一幅画上的托勒密头戴王冠，是后人把他和亚历山大里亚的统治者混为一谈的结果。托勒密是一位伟大的古代天文学家。他大约出生在公元100年。如同欧几里得总结出希腊古典时代的数学而写出了著名的《几何原本》一样，托勒密系统总结了希腊天文学的优秀结果，写出了流传千古的《天文学大成》，这部巨著被阿拉伯人推为伟大之至，结果书名传成了《至大论》。

古希腊天文学家托勒密

利用窥管，托勒密较好地容纳了望远镜发现之前不断出现的新的天文学观测，一直被认为是最好的天文学体系，统治了西方天文学界一千多年。

他还计算了地球的大小，只是算出的结果比实际小了很多。据说哥伦布就是相信了这个尺寸，才有勇气从西班牙出发去寻找亚洲的。

托勒密观测天象

看到窥管，很容易让人联想到望远镜，如果说窥管是用来照准一个天区的，那么望远镜就是照准一个更小的天区。如果用以管窥天来讽刺视野太小、见识太少的话，到了望远镜时代，它的视野就变得更小了，因为放大倍数越大，能看的天区就越小，以至于很多大型的望远镜需要有一个导心镜，导心镜实际上是一个放大倍数较小的望远镜，倍数小了才能看到天区的位置，才能先看到整体。

哥伦布航海

在前望远镜时代，西方的最高成就者是第谷，那时的仪器非常精良，他当时是受到皇家几十年的资助。但中国古代积累的资料远远比第谷要丰富，因为我们几千年一直是有机构在负责它，我们古代很多东西的特点是在于它的持续性，像哈雷彗星，它的二十多次回归，在中国古代都有记录。尽管古人并不知道这二十几次是同一个彗星，但为今天的天文学发展提供了丰富的遗产。

（吕洁）

天文学家第谷